中国茶收藏品鉴指南

吕陌涵 / 编著

新世界出版社
NEW WORLD PRESS

图书在版编目（CIP）数据

中国茶 / 吕陌涵编著 . -- 北京 : 新世界出版社，2017.1

（收藏品鉴指南系列）

ISBN 978-7-5104-5982-5

Ⅰ . ①中… Ⅱ . ①吕… Ⅲ . ①茶文化—中国 Ⅳ . ① TS971.21

中国版本图书馆 CIP 数据核字 (2016) 第 224315 号

中国茶

作　　者：吕陌涵
责任编辑：张杰楠
责任校对：姜菡筱　宣　慧
责任印制：李一鸣　王丙杰
出版发行：新世界出版社
社　　址：北京西城区百万庄大街 24 号（100037）
发 行 部：（010）6899 5968　（010）6899 8705（传真）
总 编 室：（010）6899 5424　（010）6832 6679（传真）
http://www.nwp.cn
http://www.nwp.com.cn
版 权 部：+8610 6899 6306
版权部电子信箱：nwpcd@sina.com
印　　刷：山东海蓝印刷有限公司
经　　销：新华书店
开　　本：710 × 1000　1/16
字　　数：200 千字
印　　张：12
版　　次：2017 年 1 月第 1 版 2019 年 5 月第 2 次印刷
书　　号：ISBN 978-7-5104-5982-5
定　　价：68.00 元

前　言

PREFACE

茶树广泛分布于我国长江流域以南地区，在北方也有少量分布。茶即由茶树叶子制成。茶是著名的保健饮品，有强心、利尿的功效，与可可、咖啡并称为当今世界的三大无酒精饮料。

中国是茶的故乡，中国人发现茶和利用茶的历史已有四五千年。据说从神农时代开始，中国人就已经开始饮茶了，神农有以茶解毒的故事流传。到了唐朝，人们饮茶蔚然成风，饮茶方式有了很大进步。宋朝时期，茶种类日渐丰富，人们品茶越来越讲究。到了明清时期，饮茶普及开来，自此，人们饮茶的习俗一直流传到今天，并且长盛不衰。如今，茶饮料是中国消费者最喜欢的饮料品类之一。除中国外，全世界有 100 多个国家和地区的居民都有饮茶的习惯，可见茶和人们的生活是息息相关的。

中国人饮茶，注重一个“品”字。人们饮茶时注重茶叶的品评、泡茶技法的鉴赏、品茶环境的领略等，久而久之，就形成了博

茶

前言
PREFACE

大精深的茶文化。茶文化的内涵其实就是中国文化内涵的一种具体表现。中国素有礼仪之邦的称谓，茶文化即是通过沏茶、赏茶、闻茶、饮茶、品茶等习惯和中华的文化内涵与礼仪相结合而形成的一种具有鲜明中国文化特征的文化现象，也可以说是一种礼节现象。

茶和人们的生活息息相关，目前人们喝茶也越来越讲究，茶除了能够解渴、解乏以外，更多地和文化生活结合在一起。现如今，茶的种类丰富异常，要想挑选到好茶，需要了解许多和茶有关的知识。本书从实际出发，介绍了茶的起源、茶具的搭配、泡茶技巧和茶的分类等知识。全书内容翔实、通俗易懂，并选取了大量精美的图片，希望能给广大茗茶爱好者提供一些借鉴。

书中难免会有疏漏之处，敬请广大读者批评指正，以便再版时加以修正。

目录

Contents

第一章 源远流长——茶之历史

第二章 清洌纯净——泡茶之水

第三章 精致高雅——茶具搭配

目录

Contents

目录

Contents

目录

Contents

第一章 源远流长——茶之历史

中国饮茶历史最早，陆羽《茶经》云："茶之为饮，发乎神农氏，闻于鲁周公。"早在神农时期，茶及其药用价值就被发现，并由药用逐渐演变成日常生活饮料。我国历来对选茶、取水、备具、佐料、烹茶、奉茶以及品尝方法等都颇为讲究，因而逐渐形成丰富多彩、雅俗共赏的饮茶习俗和品茶技艺。

《茶经》

《茶经》是中国乃至世界现存第一部最完整、最全面地介绍茶的专著，被誉为"茶叶百科全书"，其作者为中国茶道的奠基人陆羽。此书内容包括茶叶生产的历史、源流、现状、生产技术以及饮茶技艺，是一部划时代的茶学专著。《茶经》是中国古代专门论述茶叶的重要著作，推动了中国茶文化的发展。

中国饮茶方式和习俗的发展与演变，大体可分为以下几个阶段。

饮茶开端

最初茶叶是作为药用而受到关注的。古代人类直接含嚼茶树鲜叶汲取茶汁而感到芬芳、清口并富有收敛性快感，久而久之，茶的含嚼成为人们的一种嗜好。该阶段，可说是茶之为饮的前奏。

随着人类生活的进化，生嚼茶叶的习惯转变为煎服。即鲜叶洗净后，置陶罐中加水煮熟，连汤带叶服用。煮煎而成的茶，虽苦涩，然而滋味浓郁，风味与功效均胜几筹，天长日久，自然养成煮煎回味无穷的习惯。这是茶作为饮料的开端。

高雅消遣

茶叶的简单加工在秦汉时期已经开始出现。鲜叶用木棒捣成饼状茶团，再晒干或烘干以便存放。饮用时，先将茶团捣碎放入壶中，注入开水并加上葱姜和橘子调味。此时茶叶不仅是日常生活之解毒药品，且成为待客之食品。另外，由于秦统一了巴蜀（我国较早传播饮茶的地区），促进了饮茶知识与风俗向东延伸。西汉时，茶已是宫廷及官宦人家的一种高雅消遣。三国时期，崇茶之风进一步发展，人们开始注意到茶的烹煮方法，此时出现“以茶当酒”的习俗，说明华中地区当时饮茶已比较普遍。到了两晋、南北朝，茶叶从原来珍贵的奢侈品逐渐成为普通饮料。

蔚然成风

随着茶事的兴旺，贡茶的出现加速了茶叶栽培和加工技术的发展，涌现了许多名茶，烹茶之法也有了较大的改进。尤其到了唐代，饮茶蔚然成风，饮茶方式有了较大的进步。此时，为改善茶叶的苦涩味，开始加入薄荷、盐、红枣等调味。此外，已使用专门烹茶器具，论茶之专著已出现。陆羽《茶经》三篇，备言茶事，更对茶之饮之煮有详细的论述。此时，对茶和水的选择、烹煮方式以及饮茶环境和茶的质量也越来越讲究，逐渐形成了茶道。由唐前之“吃茗粥”到唐时人视茶为“越众而独高”，是我国茶叶文化的一大飞跃。

技法更改

“茶兴于唐而盛于宋”，在宋代，制茶方法出现改变，给饮茶方式带来了深远的影响。宋初茶叶多制成团茶、饼茶，饮用时碾碎，加调味品烹煮，也有不加的。随茶品的日益丰富与品茶的日益考究，人们逐渐重视茶叶原有的色香味，调味品逐渐减少。同时，出现了用蒸青法制成的散茶，且不断增多，茶类生产由团饼为主趋向以散茶为主。此时烹饮手续逐渐简化，传统的烹饮习惯，正是由宋开始而至明清出现了巨大变更。

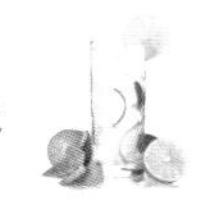

日臻完善

由于制茶工艺的革新，团茶、饼茶多改为散茶，烹茶方法由原来的煎煮为主逐渐向泡茶方法为主发展。茶叶冲以开水，然后细品缓啜，清正、袭人的茶香，甘洌、酽醇的茶味以及清澈的茶汤，更能让人领略茶天然之色香味的品性。随茶类的不断增加，饮茶方式出现两大特点：一、品茶方法日臻完善而讲究。茶壶、茶杯要用开水先洗涤，干布擦干，茶渣先倒掉，再斟。器皿也“以紫砂为上，盖不夺香，又无熟汤气”。二、出现了六大茶类，烹茶方式也随茶类不同而有很大变化。同时，各地区由于不同风俗，开始选用不同茶类。如两广喜好红茶，福建多饮乌龙，江浙则好绿茶，北方人喜花茶或绿茶，边疆少数民族多用黑茶、茶砖。

神农氏与茶叶

传说神农氏尝了72种毒草后毒气聚积在体内，毒发时，神农氏靠在一棵树下休息，忽然一片被风吹落的树叶落入口中，清香甜醇。神农氏的精神为之一振，他咀嚼树上的嫩枝叶，毒气顿退。那些叶子就是我们今天的茶叶。在被人们普遍饮用之前，人们只把茶看成是一种草药。

清冽纯净——泡茶之水

天泉

天泉是指雨水和雪水。

雨水：明代文人讲究用天水，他们对于春、夏、秋、冬四季的天泉，有不同的评价。秋天的雨水烹茶最好，其次是梅雨季节的雨水，再次是春雨，而夏季多暴雨，水质最差，不主张用来烹茶。收集雨水时必须用干净的白布，在天井中央收雨水。至于从房檐流下的雨水，则不能用。

雪水："瑞雪兆丰年"，古人认为雪水是五谷的精华，用来烹茶最雅。唐代诗人白居易有诗云"闲尝雪水茶""融雪煎香茗"，宋代著名词人辛弃疾《六幺令》词中的"细写茶经煮香雪"，还有元代诗人谢宗可《雪煎茶》诗中的"夜扫寒英煮绿尘"，都是描写用雪水泡茶。清代曹雪芹的

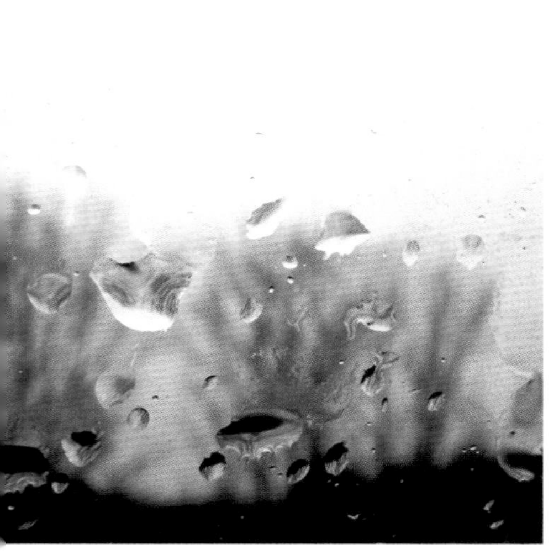

雨水

雪水

山泉水

《红楼梦》中，更描绘得有声有色——当妙玉约宝钗、黛玉去吃“体己茶”时，黛玉问妙玉：“这也是旧年的雨水？”妙玉回答：“这是……收的梅花上的雪……隔年蠲的雨水，那有这样清淳？”

泡茶对水温的要求

泡茶水温的掌握，主要看泡饮什么类型的茶。高级绿茶，特别是各种芽叶细嫩的茶，不能用100℃的沸水冲泡，一般等水开后冷却到80~85℃为宜。泡饮各种花茶、红茶和中高档绿茶则要用水温90~95℃的水。泡饮乌龙茶、普洱茶和沱茶，必须要用100℃的三沸开水冲泡。普洱茶和沱茶甚至可以用来煮着喝，味道更好更醇。但是，普洱生茶年限短的，特别是两三年的，可用90℃的水温来冲泡，以减少苦涩味。

山间泉水

自然泉水

地泉

天泉是天上之水，地泉自然就是地上的泉水了。

地下水的天然露头，人们称之为泉。泉是大自然赐给人类的一种宝贵的水资源。它不仅给人类提供了理想的水源，同时还以独特的形貌声色美化着大地，美化着人类的生活。华夏民族在对泉水的开发利用与认知的过程中，逐渐形成了一种独特的“泉文化”，包括对泉的开发、利用、保护、崇拜、观赏和讴歌、赞美等内容，成为中华水文化的重要组成部分。

华夏神州，泉流众多。据粗略统计，较大的泉流就有 10 多万处，其中水质好、水量大或以奇水怪泉而闻名的所谓的“名泉”有百余处之多。

名泉泡名茶，相得益彰，自古为茶人追崇之道。茶圣陆羽一生对泡茶之水做过仔细的研究和比较，为天下名泉排定座次。

择水先择源，只有符合“源、活、甘、清、轻”5 个标准的水才算得上是好水。所谓的“源”是指水出自何处，“活”是指有源头而常流动的水，

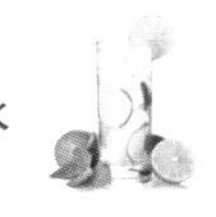

“甘”是指水略有甘味，“清”是指水质洁净清澈，“轻”是指分量轻。所以水源中以泉水为佳，因为泉水大多出自岩石重叠的山峦，污染少，山上植被茂盛，山岩断层中的涓涓细流汇集而成的泉水富含各种对人体有益的微量元素，经过沙石过滤，清澈晶莹，茶的色、香、味可以得到最大的发挥。

茶圣陆羽有“山水上、江水中、井水下”的用水主张，当代科学试验则证明泉水水质第一，深井水第二，蒸馏水第三，经人工净化的湖水和江河水（即平常使用的自来水）最差。但是慎用水者提出，泉水虽有“泉从石出，清宜洌”之说，但泉水在地层里渗透的过程中融入了较多的矿物质，它的含盐量和硬度等就有较大差异，如渗有硫黄的矿泉水就不能饮用，只有含有二氧化碳和氧的泉水才最适合煮茶。

清代乾隆皇帝游历南北名山大川之后，按水的比重定京西玉泉为“天下第一泉”。玉泉之水不仅水质好，还因为当时京师多苦水，宫廷用水每年取自玉泉，加之玉泉山景色幽静佳丽，泉水从高处喷出，琼浆倒倾，如老龙喷射，碧水清澄如玉，故有此殊荣。

玉泉寺湖光山水图

风景秀丽的泉水

好水除了品质高外，还与茶人的审美情趣有很大的关系。对于“天下第一泉”的美名，历代都有争执，涉及扬子江南零水、江西庐山谷帘水、云南安宁碧玉泉、济南趵突泉、峨眉山玉液泉多处。泉水所处之地，有的江水浩荡，山寺悠远，景色亮丽；有的一泓碧水，涧谷喷涌，碧波清澈，再加之名士墨客的溢美之词，水质清冷香洌，柔甘净洁，确也符合此美名。民间所传的“龙井茶、虎跑水”，“扬子江心水，蒙顶山上茶”，真可谓名水伴名茶。

茶重洁性，泉贵清纯，都是人们所追求的品位。人与大自然有割舍不断的缘分。茗家煮泉品茶所追求的是在宁静淡泊、淳朴率直中寻求高远的意境和“壶中真趣”，在淡中有浓、抱朴含真的泡茶过程中，无论对于茶与水，还是对于人和艺都是一种超凡的精神，是一种高层次的审美探求。

龙井泉

名泉

龙井泉

龙井泉位于浙江杭州市西湖西面风篁岭上，是一个裸露型岩溶泉。龙井泉本名龙泓，又名龙湫，是以泉名井，又以井名村。龙泓泉历史悠久，龙井村则是世界上著名的西湖龙井茶的五大产地之一。龙井泉由于大旱不涸，古人以为与大海相通，有神龙潜居，所以名其为龙井。又被人们誉为“天下第三泉”。

龙井一带大片出露的石灰岩层都是向着龙井倾斜，这样的地质条件，给地下水顺层面裂隙源源不断地向龙井汇集创造了有利的因素。在地貌上，龙井恰好处于龙泓涧和九溪的分水岭垭口下方，又是地表水汇集的地方。龙井西面是高耸的棋盘山，集水面积比较大，而且地表植物繁茂，有利于拦蓄大气降水向地下渗透。这些下渗的地表水进入纵横交错的石灰岩岩溶裂隙中，最终便沿着层面裂隙流下，再经由龙井涌出地表。由于龙井泉水的补给来源相当丰富，形成永不枯竭的清泉。

此外，由于龙井泉水来源丰富，而且有一定的水头压力，以一定流速流入龙井，故而在井池边形成一个负压区。原井池中的水在满溢前，先要向负压区汇聚。由于表面张力的作用，负压区上方的水面前就微微高起，与负压区之间形成一个分界。这就是奇特的龙井“分水线”，似把泉水“分”成两半。雨后由于泉水补给量大，这种现象更加明显。

趵突泉

趵突泉位于济南市中心区，该泉位居济南七十二名泉之首，也是最早见于古代文献的济南名泉。趵突泉是泉城济南的象征与标志，与千佛山、大明湖并称为济南三大名胜，有“游济南不游趵突，不成游也”的盛誉。

2002 年，有专家根据河南安阳出土的甲骨文考证，趵突泉有文字记载的历史，可上溯至我国的商代。趵突泉是古泺水之源，早在 2000 多年前的编年体史书《春秋》上就有“鲁桓公会齐侯于泺”的记载。宋代曾巩任齐州知州时，在泉边建“泺源堂”，并写了一篇《齐州二堂记》，正式赋予该泉“趵突泉”的名称。趵突泉亦有“槛泉”“娥英水”“温泉”“瀑流水”“三股水”等名。

趵突泉水分三股，昼夜喷涌，水盛时高达数尺。所谓“趵突”，即跳跃奔突之意，反映了趵突泉三窟迸发、喷涌不息的特点。“趵突”不仅字面古雅，而且音义兼顾。不仅以“趵突”形容泉水“跳跃”之状、喷腾不息之势，同时又以“趵突”模拟泉水喷涌时“扑嘟”“扑嘟”之声，可谓绝妙绝佳。北魏郦道元《水经注》载：“泺水出历城县故城西南，泉源上奋，水涌若轮，觱涌三窟，突出雪涛数尺，声如隐雷。”金代诗人元好问

描绘为“且向波间看玉塔”。元代著名画家、诗人赵孟頫在《趵突泉》诗中赞道：“泺水发源天下无，平地涌出白玉壶。”清代诗人何绍基喻之为“万斛珠玑尽倒飞”。清朝刘鹗《老残游记》载：“三股大泉，从池底冒出，翻上水面有二三尺高。”《历城县志》中对趵突泉的描绘则为：“平地泉源觱沸，三窟突起，雪涛数尺，声如隐雷，冬夏如一。”著名文学家蒲松龄则认为趵突泉是“海内之名泉第一，齐门之胜地无双”。

趵突泉周边的名胜古迹数不胜数，尤以泺源堂、娥英祠、望鹤亭、观澜亭、尚志堂、李清照纪念堂、沧园、白雪楼、万竹园、李苦禅纪念馆、王雪涛纪念馆等景点最为人称道。历代文化名人诸如曾巩、苏轼、元好问、赵孟頫、张养浩、王守仁、王士祯、蒲松龄、何绍基、郭沫若等，均对趵突泉及其周边的名胜古迹有所题咏，使趵突泉的文化底蕴更加深厚，成为著名的旅游胜地。

在趵突泉西侧，原为北宋熙宁年间史学家刘诏（官至寺丞）庭院内的建筑物，名“槛泉亭”。明朝天顺五年（1461 年），钦差内监韦、吴二人来济，乃于泉旁构亭（另说为巡抚胡缵宗建），名为“观澜”，取《孟子·尽心上》“观水有术，必观其澜”之意。该亭原为四面长亭，半封闭式，形制考究，为历代文人称颂。

趵突泉

中泠泉

中泠泉

中泠泉也叫中濡泉、南泠泉，位于江苏镇江金山寺西。唐宋之时，金山还是“江心一朵芙蓉”，中泠泉也在长江中。据记载，以前泉水在江中，江水来自西方，受到石牌山和鹘山的阻挡，水势曲折转流，分为三泠（三泠为南泠、中泠、北泠），而泉水就在中间一个水曲之下，故名“中泠泉”。因位置在金山的西南面，故又称“南泠泉”。因长江水深流急，汲取不易。据传打泉水需在正午之时将带盖的铜瓶子用绳子放入泉中后，迅速拉开盖子，才能汲到真正的泉水。南宋爱国诗人陆游曾到此，留下了“铜瓶愁汲中濡水，不见茶山九十翁”的诗句。

中泠泉水甘洌醇厚，特宜煎茶。唐陆羽品评天下泉水时，中泠泉名列全国第七。比陆羽稍后的后唐名士刘伯刍把宜茶的水分为七等，扬子江的中泠泉依其水味和煮茶味佳名列第一。用此泉沏茶，相传有“盈杯不溢”之说。从此中泠泉被誉为“天下第一泉”。

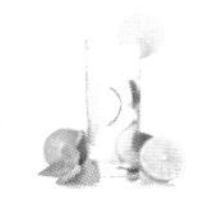

黄山温泉

黄山温泉又名汤泉、灵泉、朱砂泉，自古以来就被人们看成是一股神秘之水，是非同凡响的一处名泉，与奇松、怪石、云海并称黄山四绝。经化验分析，黄山温泉含有少量的硅、钙、镁、钾、钠等对人体有益的氧化物，对治疗皮肤病、风湿病、肠胃病等确实有一定的疗效。黄山温泉的水质透明，洁净澄碧，其味甘美，可饮可浴。所以《黄山图经》里这样说："黄山旧名黟山，东峰下有朱砂汤泉可点茗。"清朝王洪度所著《黄山领要录》中记载："天下泉不借硫而温者有三：骊山以矾石，安宁以碧玉，黄山以朱砂。"如今黄山温泉已得到充分利用，造福中外游人。

黄山温泉虽然没有传说中的那样神奇，但它能为广大游客送来温暖，使人心旷神怡，精神为之一爽，而且能治一些疾病，这就很有妙用了。因此，黄山这处美妙的温泉，曾得到古今名人欣赏与赞美。如李白、贾岛、徐霞客、石涛等人都曾沐浴其间，并留下许多赞美诗词。唐代大诗人李白在他《送温处士归黄山白鹅峰旧居》一诗中写道："归休白鹅岭，渴饮丹砂井。"唐代诗人贾岛在《纪温泉》长诗中有"一濯三沐发，六凿还希夷。伐马返骨髓，发白令人黟"的名句。明末文人吴士权描写黄山温泉为"清数毛发，香染兰芷，甘和沆瀣"。宋代诗人朱彦，在他的《游黄山》诗中高度评价说："三十六峰高插天，瑶台琼宇贮神仙。嵩阳若与黄山并，犹欠灵砂一道泉。"

黄山温泉

惠山泉

惠山泉又称陆子泉，是天下第二泉，相传经茶圣陆羽品题而得名，经乾隆御封为“天下第二泉”，位于江苏省无锡市西郊惠山山麓锡惠公园内。

惠山泉名不虚传，泉水无色透明，含矿物质少，水质优良，甘美适口，系泉水之佼佼者。

惠山泉不仅水甘美、茶情佳，而且孕育了一位优秀的民间艺术家阿炳和蜚声海内外的名曲《二泉映月》。“甃石封苔百尺深，试茶尝味少知音。惟余半夜泉中月，留照先生一片心。”宋代文人已经写出了钟情“半夜泉中月”的诗句。到了清朝光绪年间，无锡雷尊殿出了个小道士，名字叫阿炳，学名华彦钧。阿炳青年时双眼因目疾而先后失明。他从小就酷爱音

锡惠公园

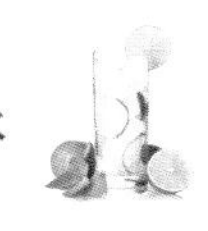

阿炳

乐，在其父华清和的传授下，二胡演奏技艺渐臻圆熟精深，最后达到高深造诣。他常在夜深人静之时，摸到惠山泉畔，聆听那叮咚泉声，手掬清凉的泉水，神接皎洁的月光，幻想着人间能有自由幸福的生活。他用二胡的音律抒发内心的忧愤和人间的疾苦，祈盼光明幸福的降临，创作出了许多二胡演奏曲，其中以惠山泉为素材的名曲《二泉映月》最脍炙人口。此曲节奏明快鲜明，旋律清越动人。二泉孕育的名曲《二泉映月》，和名泉一样清新流畅，发人幽思，催人奋进。人们为纪念这位著名民间音乐艺术家，1984 年在二泉亭重建了华彦钧墓。

二泉亭上有景徽堂，在此可品尝二泉水烹煮的香茗，并欣赏泉周围的美妙景致。从二泉亭北上有竹护山房、秋雨堂、隔红尘廊、云起楼等古建筑。听松堂也在二泉亭附近。亭内置一古铜色巨石，称为石床，光可鉴人，可以偃卧。石床一端镌刻“听松”二字，为唐代书法家李阳冰所书。晚唐文学家皮日休在此听过松涛，留有诗句：“殿前日暮高风起，松子声声打石床。”从二泉亭登山可达惠山山顶，纵眺太湖风景，历历在目。

惠山

第三章

精致高雅——茶具搭配

玉盖碗茶具

玉石茶具

玉石是自然界中颜色美观、质地细腻坚韧、光泽柔润，由单一矿物或多种矿物组成的岩石，如绿松石、芙蓉石、青金石、欧泊、玛瑙、玉髓、石英岩等。狭义的玉石专指硬玉（翡翠）和软玉（如和田玉、独山玉等），或简称玉。中国是世界上用玉最早的国家，已有几千年的历史。玉是比较珍贵的一种矿石。中国古人视玉为圣洁之物，认为玉是光荣和幸福的化身，是权力、地位、吉祥、刚毅和仁慈的象征。一些外国学者也把玉作为中国的“国石”。

玉石的形成条件极其特殊复杂。它们大多来自地下几十公里深处的高温熔化的岩浆，这些高温的浆体从地下沿着裂缝涌到地球表面，冷却后成为坚硬的石头。在此过程中，只有某些元素缓慢地结晶成坚硬的玉石或宝石，且它们的形成时代距离今天非常久远。

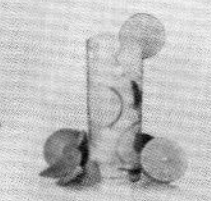

中国最著名的玉石是新疆和田玉，它与河南独山玉、辽宁岫岩玉和湖北绿松石并称为中国四大玉石。

距今约 8000 年的新石器时代早期是全世界到目前为止所知道的最早的使用玉器的时期。传说远古时代黄帝分封诸侯的时候，就以玉作为他们享有权力的标志，之后许多帝王的“传国玺”也都是玉做的。商朝就已经使用墨玉牙璋来传达国王的命令，周朝已开始用玉作为工具。

宋元以后，社会出现了规模可观的玉雕市场和官办玉肆，玉器的内容和题材逐步趋向世俗化和商品化，生活用器和玩赏器日益增多。明清时期，玉雕艺术走向了新的高峰，玉器遍及人们生活的方方面面。其工艺性、装饰性大增，玉雕小至寸许，大至万斤。鬼斧神工的琢玉技巧发挥到极致，山水林壑集于一处且利用玉皮俏色巧琢，匠心独运，集历代玉雕之大成。

玉石是一种纯天然环保的材质，自古以来都是高档茶具的首选材料。玉石茶具一般都精雕细琢，赋石头以灵性，与茗茶并容，每一款茶具都独具匠心，美观大方，极富个性，且玉石茶盘具有遇冷遇热不干裂、不变形、不褪色、不吸色、不粘茶垢、易清洗等优点。正是“茗茶润玉，传世收藏”。

玉石之美在于它的细腻、温润、含蓄幽雅。玉的颜色有草绿、葱绿、墨绿、灰白、乳白色，色调深沉柔和，配以香茗，形成一种特有的温润光滑的色彩。

玉石富含人体所需的钠、钙、锌等多种微量元素，因此用玉石制成茶具来饮茶，对人体具有一定的保健作用，同时它具有超凡脱俗、催人振奋之灵气。

陶茶具

陶茶具是用黏土烧制的饮茶用具，还可再分为泥质和夹砂两大类。由于黏土所含各种金属氧化物的百分比不同，以及烧成环境与条件的差异，可呈红、褐、黑、白、灰、青、黄等不同颜色。陶器成型，最早用捏塑法，再用泥条盘筑法，特殊器形用模制法，后用轮制成型法。战国时期盛行彩绘陶，汉代创制铅釉陶，为唐代唐三彩的制作工艺打下了基础。晋代杜育《荈赋》“器择陶拣，出自东瓯”，首次记载了陶茶具。至唐代，经陆羽倡导，茶具逐渐从酒食具中完全分离，形成独立系统。

《茶经》中记载的陶茶具有熟盂等。北宋时，江苏宜兴采用紫泥烧制成紫砂陶器，使陶茶具的发展走向高峰，成为中国茶具的主要品种之一。除江苏宜兴外，浙江的嵊州、长兴及河北的唐山等均盛产陶茶具。

陶茶具

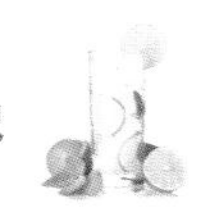

紫砂茶具

陶器中的佼佼者首推江苏宜兴紫砂茶具，早在北宋初期就已经崛起，成为独树一帜的优秀茶具，明代大为流行。紫砂壶和一般陶器不同，其里外都不敷釉，采用当地的紫泥、红泥、团山泥焙烧而成。由于紫砂烧制火温较高，烧结密致，胎质细腻，既不渗漏，又有肉眼看不见的气孔，久用还能吸附茶汁，蕴蓄茶味，且传热不快，不致烫手；若热天盛茶，不易酸馊，即使冷热剧变，也不会破裂；如有必要，甚至还可直接放在炉灶上烧水。紫砂茶具还具有造型简练大方，色调淳朴古雅的特点，外形有似竹节、莲藕、松段和仿商周古铜器等形状的。

明代嘉靖、万历年间，先后出现了两位卓越的紫砂工艺大师——龚春（供春）和他的徒弟时大彬。龚春幼年曾为进士吴颐山的书童，他天资聪慧，虚心好学，随主人陪读于宜兴金沙寺，闲时常帮寺里老和尚抟坯制壶。传说寺院里有银杏参天，盘根错节，树瘤多姿。他朝夕观赏，乃模拟树瘤，捏制树瘤壶，其造型独特，生动异常。老和尚见了拍案叫绝，便把平生制壶技艺倾囊相授，使他最终成为著名制壶大师。龚春的制品被称为“供春壶”，造型新颖精巧，质地薄而坚实，被誉为“供春之壶，胜如金玉”。

青玉竹节圆壶

刻有梅花的紫砂壶

近年来，紫砂茶具有了更大的发展，新品种不断涌现。例如，专为日本消费者设计的“横把壶”，成为日本消费者的品茗佳具。又如，紫砂双层保温杯，由于紫砂泥质地细腻柔韧，可塑性强，渗透性好，所以烧成的双层保温杯，用以泡茶，具有色香味皆蕴，夏天不易变馊的特性。这种杯因是双层结构，开水入杯不烫手，传热慢，保温时间长。其造型多种多样，有瓜轮形、蝶纹形，还有梅花形、鹅蛋形、流线形等。艺人们采用传统的篆刻手法，把绘画、书法、雕刻等各种装饰手法施用在紫砂陶器上，使之成为观赏和实用巧妙结合的产品。

一壶泡一茶

由于紫砂泥具有特殊的双气孔结构，能够很好地吸收茶汤茶味。因此，一把长期使用的紫砂壶，即使在不加茶叶的情况下，仅仅冲进沸水，也能“泡”出茶的香味来。所以，一把壶最好只冲泡一种茶叶，只有这样，冲泡出的茶汤才能保持味道的纯粹。如果今天泡红茶，明天泡普洱，那么它们就会相互串味，失去了茶香的本真，大大降低了紫砂壶的宜茶功能。

瓷茶具

瓷器是中国文明的一面旗帜，瓷器茶具与中国茶的匹配，让中国茶传播到全球各地。中国茶具最早以陶器为主。瓷器发明之后，陶质茶具就逐渐为瓷质茶具所代替。瓷器茶具又可分为青瓷茶具、白瓷茶具、黑瓷茶具和青花瓷茶具等。

瓷茶具

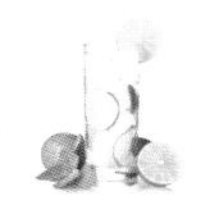

青瓷茶具

青瓷茶具

青瓷茶具是瓷器茶具中出现得最早的，大约在东汉时，浙江的上虞地区已开始生产青瓷器，到了唐代，青瓷器无论是数量还是品质都达到了前所未有的高度。尤其是专供宫廷使用的秘色瓷器，即使是高官显贵也无缘一见，直到 1987 年陕西扶风县法门寺佛塔地宫出土了唐代供奉的宫廷御用茶具中的 16 件秘色瓷茶具，才使秘色瓷之谜大白于天下。秘色瓷其实就是一种青瓷。青瓷茶具胎薄质坚，釉层饱满，有玉质感，多为素面，不重装饰，而重造型和釉色，其主要品种有壶、碗、碟等。

白瓷茶具

白瓷茶具

白瓷茶具是使用最为广泛的茶具，大约始于距今约1200年的北朝晚期。到唐代，白瓷制品已具有很高的艺术水准。当时四川大邑生产的白瓷茶碗，受到了诗人杜甫的热情赞誉："大邑烧瓷轻且坚，扣如哀玉锦城传。君家白碗胜霜雪，急送茅斋也可怜。"河北邢窑生产的白瓷茶具，茶圣陆羽夸其"类银""类雪"。景德镇生产的白瓷茶具，胎质洁白，质地坚密，釉色光莹如玉，被人们称为"假白玉"。

宋代，人们崇尚白茶，为了衬托茶汤，流行使用黑瓷茶碗。进入明代，改饮与现代炒青相似的散茶，不再强调茶汤与茶具颜色的对比，使得白瓷茶具再次兴起。同时，散茶泡法比较简便，茶具的种类大为减少，人们便在种类不多的茶具，主要是壶、碗、盏、罐的造型、图案、纹饰上下功夫，使得白瓷茶具的造型千姿百态，图案纹饰美不胜收。

黑瓷茶具

黑瓷茶具

黑瓷茶具采用黑釉烧制，在宋代盛极一时，目前在北方农村还可偶尔看到。宋代崇尚白茶，为了衬托茶汤，要用黑瓷茶盏。那时还流行一种旨在比赛茶品优劣的“斗茶”活动。比斗时，一看茶面汤花色泽和均匀度，以“鲜白”为先；二看汤花与茶盏相接处的水痕，“茶色白，入黑盏，其痕易验”，故而纷纷采用黑瓷茶具。当时代表性的作品是黑釉上有白色细条纹的“兔毫盏”。黑瓷茶具胎体较厚，釉色黑亮，造型古拙，风格独特。

青花瓷茶具

青花瓷是用氧化钴为着色剂，在器物的瓷胎上绘制图案纹饰，再涂上透明釉，经高温烧制后呈现蓝色图案纹饰的一种瓷器。成品蓝白相间，淡雅宜人，华而不艳，令人赏心悦目。

青花瓷茶具的问世较白瓷晚，它出现于唐代，后经不断发展，至元、明、清达到鼎盛期，并成为那一时期茶具的主流品种。其时景德镇生产的青花瓷茶具，无论是胎质、釉色，还是造型、纹饰，都堪称完美，独领风骚。由于青花瓷将中国传统的绘画技艺运用到了制作之中，而被称为“无声诗入瓷之始”。

青花瓷茶具的品种主要有茶壶、茶碗、茶罐等。

茶与漆器

漆器茶具

漆器的历史十分悠久，在距今约7000年的新石器时代的河姆渡文化遗址中，就发现了木胎漆碗；而长沙马王堆西汉墓出土的漆器，制作工艺已达到很高的水准，至今色彩鲜艳，光亮如新。以脱胎漆器为茶具，大约始于清代。

漆器茶具主要产于福建的福州一带。通常由一把茶壶、四只茶杯和一只茶盘组成，壶、杯、盘同色，多为黑色，亦有黄棕、深绿、棕红等，外表镶金嵌银，描龙画凤，光彩照人。

漆器茶具质轻且坚，传热慢，热量不易散失，且耐酸碱腐蚀，既具有实用价值，又有很高的艺术价值，故常被人们作为艺术品陈设于厅堂。

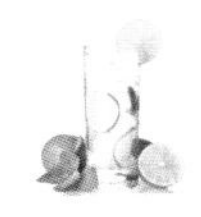

竹木茶具

我国的茶具种类繁多，极富艺术之美，又不失实用价值，因而驰名中外，为历代饮茶爱好者所青睐。在中国茶文化的发展史上，无论是饮茶习俗，还是茶类加工，都经历了许多变化。茶具作为饮茶的专用工具，必然也有一个发展和变化的过程。

在历史上，广大农村包括茶区，很多人使用竹碗或木碗泡茶。它们价廉物美，经济实惠，现代仍有使用。在我国南方，如海南等地，有用椰壳制作的壶、碗来泡茶的，经济实用，又具有艺术性。用木罐、竹罐装茶，现在仍然随处可见。特别是福建省武夷山等地的乌龙茶木盒，在盒上绘制山水图案，制作精细，别具一格。作为艺术品的黄阳木罐、二簧竹片茶罐，也是馈赠亲友的珍品，且有实用价值。

竹木茶具

茶勺

隋唐以前，我国饮茶之风虽渐次推广开来，但属粗放饮茶。当时的饮茶器具，除陶瓷器外，民间多用竹木制作而成。陆羽在《茶经・四之器》中开列的 20 多种茶具，多数是用竹木制作的。这种茶具，来源广，制作方便，对茶无污染，对人体又无害。

因此，自古至今，竹木茶具一直受到爱茶人的欢迎。但竹木茶具也有天生的缺点，那就是不能长时间使用，也无法长久保存，收藏价值不高。不过，到了清代，四川出现了一种竹编茶具，既是工艺品，又富有实用价值，主要品种有茶杯、茶盅、茶托、茶壶、茶盘等，多为成套制作。

竹编茶具由内胎和外套组成，内胎多为陶瓷类饮茶器具，外套用精选慈竹，经多道工序制成粗细如发的柔软竹丝，再经烤色、染色，之后按茶具内胎形状、大小编织嵌合，使之成为整体如一的茶具。

这种茶具，不但色调和谐，美观大方，而且能保护内胎，减少损坏；同时，泡茶后不会烫手，并富含艺术欣赏价值。因此，多数人购置竹编茶具，不在其实用，而重在摆设和收藏。

金属茶具

金属茶具

历史上有由金、银、铜、锡等金属制作的茶具。金属茶具因造价昂贵，一般百姓无缘使用。1987 年 5 月，在陕西省扶风县皇家佛教寺院法门寺的地宫中，发掘出大批唐朝宫廷文物，内有银质鎏金烹茶用具。这种茶具虽有实用价值，但更具工艺品的功用。

历史上还有用金、银、铜、锡等金属制作的茶具。锡作为茶具材料有较大的优越性。锡罐多制成小口长颈，盖为筒状，比较密封，因此对防潮、防氧化、防光、防异味都有较好的效果。银制器具也被广泛使用。唐代皇宫内饮用顾渚山金沙泉水，便以银瓶盛水，直送长安，主要因其不易破碎，但造价较昂贵，一般老百姓用不起。

对于金属作为泡茶用具，一般行家评价并不高，如明朝张谦德所著《茶经》，就把瓷茶壶列为上等，金、银壶列为次等，铜、锡壶则属下等，为斗茶行家所不屑采用。到了现代，金属茶具已基本上销声匿迹。

不锈钢茶具

第四章 修心悟德——泡茶之道

投茶

投茶有序，毋失其宜。先茶后汤曰下投；汤半下茶，复以汤满，曰中投；先汤后茶曰上投。春秋中投，夏上投，冬下投。

茶多寡宜酌，不可过中失正。茶重则味苦香沉，水胜则色清气寡。（程用宾《茶录》）

投茶先后，一要考虑到季节变化，二要顾及茶的细嫩程度，应时、应茶制宜。投茶量的多少，当然还得按照个人饮茶浓淡的习惯。

投茶

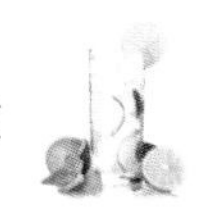

具体方法

这3种投茶方法，讲的是泡茶过程中如何投茶。在实践过程中，要有条件、有选择地进行。如果运用得当，不但能掩盖不足，还能平添情趣。

（1）上投法

它指的是在泡茶时，先按需在杯中冲上开水至七分满，再用茶匙按一定比例取出适量茶叶，投入盛有开水的茶杯中。上投法泡茶，多用在泡茶时开水水温过高，而冲泡的又是紧细重实的高级细嫩名茶时。诸如高档细嫩的径山茶、碧螺春、临海蟠毫、前岗辉白、祁门红茶等。但用上投法泡茶，虽然解决了泡某些细嫩高档名茶时，因水温过高而造成的对茶汤色泽和茶

姿挺立带来的负面影响，但也会造成茶汤浓度上下不一的不良后果。因此，品尝用上投法所冲泡的茶时，最好先轻轻摇动茶杯，使茶汤浓度上下均一，茶香透发后再品。另外，用上投法泡茶，对茶的选择性也较强，如对条索松散的茶叶或毛峰类茶叶，都是不适用的，它会使茶叶浮在茶汤表面。

（2）下投法

这是在泡茶时用得最多的一种投茶方法，它是相对于上投法而言的。具体方法是：按茶杯大小，结合茶与水的用量之比，先在茶杯中投入适量茶叶，尔后，将壶中的开水高冲入杯至七八分满为止。用这种投茶法泡茶，操作比较简单，茶叶舒展较快，茶汁较易浸出，且茶汤浓度较为一致。因此，有利于提高茶汤的色、香、味。目前，除细嫩、高级名优茶外，其他多数茶叶冲泡时采用的是下投法。

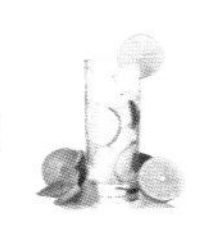

（3）中投法

它是相对于上投法和下投法而言的。目前，对一些细嫩名优茶的冲泡，多数采用中投法。具体操作方法是：先向杯内投入适量茶叶，尔后冲入少许开水（以浸没茶叶为止）；接着，右手握杯，左手平摊，中指抵住杯底，稍加摇动，使茶湿润；再用高冲法或“凤凰三点头”法，冲开水至七分满。所以，中投法其实就是用两次分段法泡茶。中投法泡茶，在很大程度上解决了上投法和下投法对泡茶造成的不利影响，但操作比较复杂，这是美中不足之处。

洗茶

洗茶

凡烹茶，先以热汤洗茶叶，去其尘垢冷气，烹之则美。（钱椿年《茶谱》）

茶洗以银为之，制如碗式，而底穿数孔。用洗茶叶，凡沙垢皆从孔中流出。亦烹试家不可缺者。（张谦德《茶经》）

岕茶摘自山麓，山多浮沙，随雨辄下，即着于叶中。烹时不洗去沙土，最能败茶。必先盥手令洁，次用半沸水，扇扬稍和，洗之。水不沸，则水气不尽，反能败茶，毋得过劳以损其力。沙土既去，急于手中挤令极干，另以深口瓷合贮之，抖散待用。洗必躬亲，非可摄代。凡汤之冷热，茶之燥湿，缓急之节，顿置之宜，以意消息，他人未必解事。（许次纾《茶疏》）

岕茶用热汤洗过挤干，沸汤烹点，缘其气厚。不洗则味色过浓，香亦不发耳。自采名茶，俱不必洗。（罗廪《茶解》）

先以上品泉水涤烹器，务鲜务洁。次以热水涤茶叶，水不可太滚，滚则一涤无余味矣。以竹箸夹茶于涤器中，反复涤荡，去尘土、黄叶、老梗净，以手搦干，置涤器内盖定，少刻开视，色青香烈，急取沸水泼之，夏则先贮水而后入茶，冬则先贮茶而后入水。（冯可宾《岕茶笺》）

许次纾、罗廪都是讲岕茶（明时产于浙江长兴罗嶰一带的名茶）泡茶时，要洗茶，余则不必洗。而钱椿年主张"凡烹茶，先以热汤洗茶叶"，张谦德还指出洗茶有专用工具。如今，乌龙茶在泡茶方法时一般都经洗茶，余则不多见。其实，如不嫌麻烦，不妨洗一洗，只是洗时一定要用热水，而不要用沸水。因沸水洗茶会散逸和流失茶的香气滋味，殊为可惜。现今一般人泡乌龙茶时往往不注意这一点，这便是未领悟其中之理。

先握茶手中，俟汤既入壶，随手投茶，以盖覆定。三呼吸时，次满倾盂内，重投壶内，用以动荡香韵，兼色不沉滞，更三呼吸顷，以定其浮薄。然后

茶艺馆

泻以供客。则乳嫩清滑，馥郁鼻端。病可令起，疲可令爽，吟坛发其逸想，谈席涤其玄衿。（许次纾《茶疏》）

赶汤沸始止之候，先注壶与瓯，将汤倾出，消其冷气，始以茶纳壶中，乃以汤注壶内，复以汤浇壶外，使热气内蕴而不散。于是提壶注茶于瓯，则真茶之色香味溢于瓯中，唯壶内之茶须斟竭勿留，乃能再泡，至三过汤，则茶之元味尽矣。故壶宜小不宜大也。若汤留壶内，则浸出茶胶，味涩不宜供饮。（朱权《茶谱》）

许次纾所说，是两次冲泡法。第一次是以少许汤入壶，随手投茶，也可以是先投茶，再冲少许汤，此为温润泡；第二次是满冲，而且要“重投壶内”，即要高冲，增强水的冲击力，“以动荡香韵，兼色不沉滞”。此即为泡茶的要诀“高冲低斟”。沸水入壶时，水柱要升高，而壶内茶斟到杯里时，水柱要降低。时下，在茶艺馆所见则往往相反，该高冲时，由于技法所限而手提不高，应低斟时，却把水柱拉得很高。殊不知已沏泡成的茶汤，在“高斟”时会白白地把香气散逸掉。

王象晋所述点茗法，与如今乌龙茶泡法相同。其特点：一是投茶前先温壶，二是注水后要淋壶，三是斟茶须尽勿剩留。

四季茶饮

春季，天气乍暖还寒，以饮用香气浓郁的花茶为好，有利散发冬天积在体内的寒邪，促进人体阳气的生发。夏季，气候炎热，适宜饮用不发酵茶，如绿茶和普洱生茶。因其茶性苦寒，可消暑解热，又能促进口内生津，有利消化。秋季，选用半发酵茶最理想，如青茶、岩茶，不寒不热，既能消除体内余热，又能恢复津液。冬季，则应选用味甘性温的发酵茶，如红茶和普洱熟茶，以利蓄养人体阳气。

粗茶嫩茶的冲泡区别

比较粗老的茶叶，须用有盖的瓷壶或紫砂茶壶冲泡；而一些较为细嫩的茶叶，适用无盖的玻璃杯或瓷杯。这是因为，对一些原料较为粗老的鲜叶加工而成的中、低档大宗红茶、绿茶，以及乌龙茶、普洱茶等特种茶来说，因茶较粗大，处于老化状态。茶纤维含量高，茶汁不易浸出，所以泡茶用水需要有较高的温度，才能出味。而乌龙茶，由于茶类采制的需要，采摘的原料新梢，已处于半成熟状态，泡茶时，就既要有较高的水温，又要在一定时间内保持水的温度，只有这样，才能透香出味。

所以，这些茶一般用茶壶来冲泡，这样热量不易散失，保温时间长。倘若用茶壶去泡较为细嫩的名优茶，因茶壶用水量大，水温不易下降，会“焖

瓷杯，适宜冲泡细嫩的茶

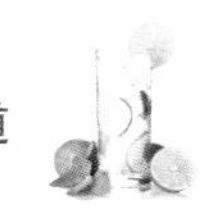

熟”茶叶，使茶的汤色变深，叶底变黄，香气变钝，滋味失去鲜爽，产生“熟汤”味。如改用无盖的玻璃杯或瓷杯泡细嫩名优茶，则可使细嫩名优茶的色、香、味得到充分的发挥。

对一些中低档茶和乌龙茶、普洱茶而言，它们与细嫩名优茶相比，泡后外形显得粗大，无秀丽之感，茶姿也缺少观赏性，如果用无盖的玻璃杯或瓷杯泡茶方法，会将粗大的茶形直观地显露眼底，一目了然，有失雅观，或者使人“厌食”，引不起品茶的情趣来。所以，一般不用无盖玻璃杯或瓷杯泡此类茶。

可以说，老茶壶泡，嫩茶杯泡，既是茶性对泡茶的要求，也是品茗赏姿的需要，符合科学泡茶的道理。

关公巡城

壶泡技巧

“关公巡城”

用壶泡法泡茶供多人饮用时，须将壶中的茶汤均匀地斟入各个茶杯之中。我国闽南和广东潮汕地区的人们在饮功夫茶时，因茶叶用量很多，而每壶冲入的水量有限，须多次续水，分茶入杯时很难做到浓淡一致，于是人们将各个小茶杯“一”字排开，或成田字形、品字形排开，提壶在杯子上方来回洒茶，如由左往右，洒入的茶由淡渐浓，然后由右往左，使杯中的茶汤浓淡混合，均匀一致。因品功夫茶用的多是紫红色的紫砂壶，分茶时好像关公在城上（小茶杯）来回巡逻，故美其名曰“关公巡城”。

“韩信点兵”

经“关公巡城”分茶之后，往往壶中还有少量茶汤，它们最浓，是茶汤的精华部分，需要均匀分配。为此，将壶中留下的少许茶汤，一杯一滴，分别滴入各个茶杯，人称“韩信点兵”。

采用“关公巡城”和“韩信点兵”，目的是使分到各个茶杯中的茶汤浓淡一致，体现了茶人之间的平等与和谐。同时，这种泡茶技艺是技术与艺术的结合，是茶文化中美的展示。

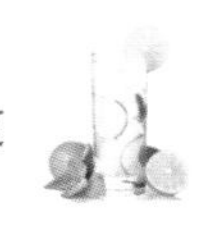

茶楼里的壶泡法

在茶楼，常用茶壶泡茶。之后，再将壶中的茶汤分别倒入各个茶杯，这一过程称为分茶。分茶时，通常是右手拇指和中指握住壶柄，食指抵壶盖钮或钮基侧部，再端起茶壶，在茶船上沿逆时针方向荡一圈，目的在于除去附着在壶底的水滴，这一过程，茶艺界美其名曰“游山玩水”。接着是将端着的茶壶，置于茶巾上按一下，以吸干壶底水分。最后，才是将茶壶中的茶汤，分别倒入“一”字排开的各个茶杯中。为了使各个茶杯中茶汤的浓度、色泽、滋味乃至香气达到相对一致，不致有较大的差异，多采用巡回倒茶法。以五杯分茶为例，杯容量以七分满为准，具体操作如下：第一杯倒入容量的 1/5，第二杯倒入容量的 2/5，第三杯倒入容量的 3/5，第四杯倒入容量的 4/5，第五杯倒入七分杯满为止，而后再依四、三、二、一的顺序，逐杯倒至七分满为止。

将茶杯“一”字排开

杯泡技巧

泡茶动作中的浸润泡和“凤凰三点头”，是泡茶技和艺结合的典型，多用于泡绿茶、红茶、黄茶、白茶中的高档茶。对较细嫩的高档名优茶，采用杯泡法泡茶时，大多采用两次冲泡法，也叫分段冲泡法。第一次称之为浸润泡，用旋转法，即按逆时针方向冲水，用水量大致为杯容量的 1/5；同时用手握杯，轻轻摇动，时间一般控制在 7 秒钟左右。目的在于使茶叶在杯中翻滚，在水中浸润，使芽叶舒展。这样，一则可使茶汁容易浸出；二则可以使品茶者在茶的香气挥逸之前，能闻到茶的真香。第二次冲泡，一般采用“凤凰三点头”，泡茶时由低向高连拉 3 次，并使杯中水量恰到好处。采用这种手法泡茶，主要表达 3 个意思：一是使品茶者欣赏到茶在杯中上下浮动，犹如凤凰展翅的美姿；二是可以使茶汤上下左右回旋，使

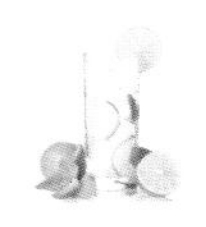

杯中茶汤均匀一致；三是表示主人向顾客“三鞠躬”，以示对顾客的礼貌与尊重。作为一个泡茶高手，“凤凰三点头”的结果，应使杯中的水量正好控制在七分满，留下三分作空间，叫作“七分茶，三分情”。其实，我国民间也有类似说法，叫作“酒满敬人，茶满欺人”，或者说，“浅茶满酒”。

高冲

注意事项

高冲和低斟

高冲与低斟，是针对泡茶与分茶而言的。前者是指泡茶时，采用壶泡法泡茶，尤其是用提水壶向泡茶器冲水时，落水点要高。泡茶时，犹如“高山流水”一般。因此，也有人称这一泡茶动作为“高山流水”。

泡乌龙茶时，就更加讲究，要求冲茶时，一要做到提高水壶，使沸水环茶壶（冲罐）口边缘冲水，避免直接冲入壶心；二要做到注水不可断续，不能迫促。

那么，泡茶为何要用高点注水呢？这是因为：高冲泡茶法能使泡茶器内的茶上下翻动，湿润均匀，有利于茶汁的浸出。同时，高冲泡茶法还能使热力直达茶器底部，随着水流的单向流动和上下旋转，有利于泡茶器中的茶汤浓度达到相对一致。另外，高冲泡茶时，特别是首次续水，对乌龙茶来说，随着泡茶器中茶的旋转和翻滚，茶叶很快舒展，除去附着在表面的尘埃和杂质，为乌龙茶的洗茶、刮沫打下基础。

低斟

高冲泡后，通常还得进行适时分茶，即斟茶。具体做法是将泡茶器（壶、罐、瓯）中的茶汤斟入各个品茗杯中。但斟茶与泡茶不一样，斟茶时的落水点宜低不宜高，通常以稍高于品茗杯口为宜。相对于“高冲”而言，人们将之称为“低斟”。这样做的目的在于：高斟会使茶汤中的茶香飘逸，降低品茗杯中的茶香味；而低斟，可以在一定限度内尽量保持茶香不散。高斟会使注入品茗杯中的茶汤表面产生泡沫，从而影响茶汤的洁净和美观，降低茶汤的欣赏性。同时还会使分茶时产生“滴答”声，弄不好还会使茶汤翻落桌面，使人生厌。

其实，高冲与低斟，是茶艺过程中两个相连的动作，它们是人们在长期泡茶实践中总结的经验，有利于提高泡茶质量。

续水次数

除袋泡茶外，茶叶一般可冲泡多次。而每次冲泡茶时，茶中的内含物质浸出率是不一样的。最易浸出的是氨基酸和维生素，其次是茶多酚和可溶性糖等。据测定，第一次泡茶时，茶中的可溶性物质能浸出 50%～55%；第二次泡茶时，能浸出 30%；第三次泡茶时，能浸出约 10%；第四次泡茶时，只能浸出 2%～3%，接近于白开水。因此，饮用一般红茶、绿茶，泡两三次后，如要继续饮用，应重新换茶冲泡。饮用细嫩名优茶，因茶汁更易浸出，一般只能泡两次。冲泡乌龙茶，续水次数可达五六次。泡白茶中的白毫银针、黄茶中的君山银针，它们虽然芽叶细嫩，但是未经揉捻，茶汁不易浸出，泡四五分钟后，茶叶才开始慢慢下沉，10 分钟后，才适宜饮用，而且只能泡一两次。袋泡茶中的茶叶都经切碎加工，茶汁极易浸出，一般只能泡一次，最多不能超过两次。

泡茶的正确步骤

步骤一：备具。准备好盖碗、公道杯、品茗杯、茶叶罐、茶匙等泡茶用具。

步骤二：温盖碗、公道杯、品茗杯。将热水注入盖碗、公道杯与品茗杯中进行温杯，然后将水倒掉。

步骤三：取茶。用茶匙从茶叶罐中取茶叶，放入茶荷中，并请客人观赏干茶的茶形、色泽，以及闻茶香。

步骤四：置茶。用茶匙将茶荷中的干茶轻轻拨入盖碗中。

步骤五：冲水。直接冲满盖碗。

步骤六：洗茶。将倒入的热水倒掉。

步骤七：泡茶。将热水倒入盖碗中，静置一两分钟，待出茶汤后，将茶汤倒入公道杯中。

步骤八：斟茶。先用毛巾将公道杯杯底的水渍擦拭干净，然后将茶汤分到各个品茗杯中。

步骤九：奉茶。泡茶完毕后，首先要向客人奉茶。

步骤十：观茶色，闻茶香。饮用之前，要先观赏茶汤的颜色以及闻其香气。

步骤十一：品鉴。闻香完毕后，即可品尝味道了。

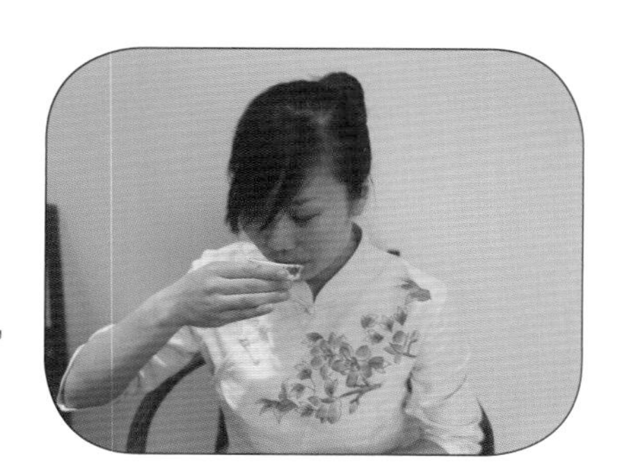

第五章 闻名遐迩——中国名茶

白茶

概况

白茶成品多为芽头，满披白毫，如银似雪，故得此名。它为六大茶类之一，是福建的特产，主要产区在福鼎、政和、松溪、建阳等地。白茶被采摘后，不经杀青或揉捻，只经过晒或文火干燥。白茶属轻微发酵茶，是我国茶类中的特殊珍品，冲泡后汤色黄绿清澈，滋味清淡回甘。此外，白茶的药效性能很好，具有独特、灵妙的保健作用。

历史

关于白茶究竟是何时起源的，茶学界观点不一。有人认为白茶起源于北宋，主要依据是白茶最早出现在《大观茶论》《东溪试茶录》中；也有人认为白茶始于明代或清代，持这种观点的学者主要是从茶叶制作方法上来区别茶类的；也有的学者认为，中国历史上最早出现的茶叶就是白茶，其理由是，中国先民最初发现茶叶的药用价值后，为了保存起来备用，必须把鲜嫩的茶芽叶晒干或焙干，于是白茶就诞生了。

太姥银针

特征

芽针肥壮，布满白毫，银装素裹，赏心悦目。

太姥银针茶汤

简介

太姥银针是白毫银针中一个用产地来命名的品种。白毫银针是福鼎白茶中的极品，太姥银针则是白毫银针中的佼佼者。

泡茶方法

把太姥银针放进透明玻璃杯用开水浸泡，大约 3 分钟后，茶叶被浸泡得有点吸收水分时，每一个芽头就开始直立在杯子里面，有的下沉，有的悬浮。约 10 分钟后，可以饮用。

回味无穷

太姥银针，茶味香醇、微甘甜，茶汤为明亮的黄色，轻啜一口，茶香沁人肺腑。

白毫银针

特征

芽头肥壮，状如针，色如银。由于加工时未经揉捻，故茶汁不易浸出，一般需用沸水冲泡 10 分钟才可饮用。

白毫银针茶汤

简介

白毫银针，简称银针，又叫白毫，素有茶中“美女”“茶王”之美称。其产地为福建省福鼎市、政和县。

价值

白毫银针性寒凉，有祛暑热、退烧和解毒等功效，是治疗麻疹的良药。

泡茶方法

一般每 3 克银针置沸水烫过的无色无花透明玻璃杯中，冲入 200 毫升 70～75℃开水，约 10 分钟后茶汤泛黄即可取饮。

回味无穷

品尝泡饮，别有风味。品选银针，寸许芽心，银光闪烁；冲泡杯中，条条挺立，如陈枪列戟；微吹饮啜，升降浮游，回味无穷，别有情趣。

福鼎白茶

特征

芽头肥壮，毫色银白，叶底嫩匀。

福鼎白茶茶汤

价值

消热降火、消暑解毒、降血压、降血脂。

简介

福鼎白茶是由原产于福鼎太姥山的福鼎大白茶和福鼎大毫茶制成的白茶类产品的统称。其特性是地域唯一、工艺天然和功效独特等。

泡茶方法

取 3 克福鼎白茶投入盖碗，用 90℃开水洗茶，温润闻香，然后像功夫茶泡法，第一泡 30~45 秒，以后每次递减，这样能品到福鼎白茶的清新口感。

回味无穷

滋味鲜醇可口，饮后令人回味无穷。

白牡丹

特征

叶张肥嫩，叶态伸展，毫心肥壮，色泽灰绿，毫色银白。

白牡丹茶汤

简介

有润肺清热的功效，常作药用。

中国福建历史名茶。采用福鼎大白茶、福鼎大毫茶为原料，经传统工艺加工而成。因其绿叶夹银白色毫心，形似花朵，冲泡后绿叶托着嫩芽，宛如蓓蕾初放，故得美名白牡丹茶。

泡茶方法

水温一般掌握在80～85℃为宜。一般泡茶选用纯净水或过滤水为好，不适合使用矿泉水或矿物质水，矿泉水或矿物质水中的矿物质味会影响茶汤的味道，投茶量可以根据个人口味来定。泡制出的茶汤色杏黄明净。

回味无穷

毫香浓显，清鲜醇正，滋味清甜。

黄茶

概况

人们从炒青绿茶中发现，由于杀青、揉捻后干燥不足或不及时，叶色即变黄，于是产生了新的品类——黄茶。黄茶的品质特点是“黄叶黄汤”。这种黄色是制茶过程中进行闷堆渥黄的结果。黄茶分为黄芽茶、黄小茶和黄大茶 3 类。

历史

历史上最早记载的黄茶不是现今所指的黄茶，是依据茶树生长的芽叶自然显露黄色而言。在历史上，未产生系统的茶叶分类理论之前，人们大都凭直观感觉辨别黄茶，因此使得加工方法和茶叶品质极不相同的几个茶类被混淆。

君山银针

特征

成品茶按芽头肥瘦、曲直，色泽亮暗进行分级。以壮实挺直亮黄为上。优质茶芽头肥壮，紧实挺直，芽身金黄，满披银毫，实为黄茶之珍品。

简介

君山银针产于湖南岳阳洞庭湖中的君山，形细如针。其成品茶芽头茁壮，长短大小均匀，茶芽内面呈金黄色，外层白毫显露完整，而且包裹坚实，雅称“金镶玉”。据说文成公主出嫁时就选带了君山银针茶带入西藏。

泡茶方法

冲泡君山银针用的水以清澈的山泉为佳，茶具最好用透明的玻璃杯，并用玻璃片做盖。用茶匙轻轻从茶叶罐中取出君山银针约 3 克，放入茶杯待泡。用水壶将 70℃左右的开水，先快后慢冲入盛茶的杯子，至 1/2 处，使茶芽湿透。稍后，再冲至七八分满为止，盖上玻璃片；约 5 分钟后，去掉玻璃盖片。冲泡出的汤色橙黄明净。

回味无穷

香气清纯，叶底嫩黄匀亮。

君山银针茶汤

价值

具有兴奋解倦、益思少睡、消食祛痰、解毒止渴、利尿明目、增加营养等功效。还有杀菌、抗氧化、抗衰老、预防癌症的功效。

莫干黄芽

特征

芽叶完整，净度良好，外形紧细成条似莲心，芽叶肥壮显茸毫，色泽黄嫩油润。

莫干黄芽茶汤

简介

莫干黄芽产于浙江省德清县的莫干山。早在晋代就有僧侣上莫干山结庵种茶。莫干黄芽外形紧细成条，细似莲心，多显茸毫，汤色黄绿清澈，叶底嫩黄成朵。

价值

黄茶是沤茶，在沤的过程中，会产生大量的消化酶，对脾胃最有好处，消化不良、食欲不振、懒动肥胖者都可饮之。

泡茶方法

茶与水的比例大概是1∶50～1∶60，水温大概是80～90℃，泡茶的茶具首选紫砂壶，次之白瓷、玻璃杯等，泡出的茶汤橙黄明亮。

回味无穷

香气清鲜，滋味醇爽。

霍山黄芽

特征

芽叶挺直均齐，色泽嫩黄，细嫩多毫，形似雀舌。

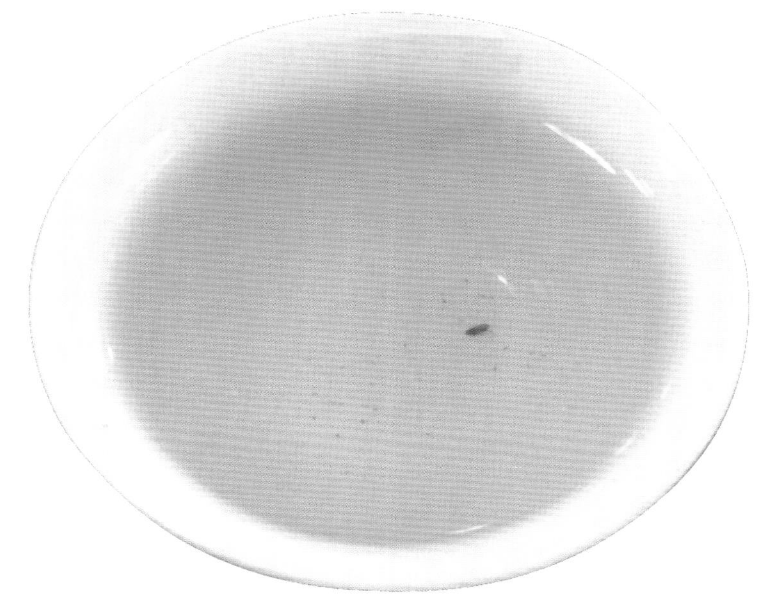

霍山黄芽茶汤

简介

霍山黄芽产于安徽省霍山县。该茶外形条直微展，匀齐成朵、形似雀舌、嫩绿披毫，清香持久，滋味鲜醇浓厚，汤色黄绿、清澈，叶底嫩黄明亮。

泡茶方法

茶与水的用量比例适中，泡出来的茶就清香宜人。冲泡黄芽，茶叶与水的比例大致为 1∶50，即每杯投茶叶 2 克左右，冲水 100 毫升。茶汤黄绿清明，带黄圈。

回味无穷

香气鲜爽清高，叶底黄亮，嫩匀厚实，滋味浓厚鲜醇，甜和清爽，有熟板栗香，饮后有清香满口之感。

价值

黄芽为不发酵自然茶，保留了鲜叶中的天然物质，可以抑制细胞对低密度脂蛋白胆固醇的摄取，从而达到预防高血脂和缓解动脉硬化的目的。

绿茶

概况

绿茶是采取茶树新叶或芽，未经发酵，经杀青、整形，或者烘干等典型工艺制作而成。在冲泡后，其茶汤较多地保存了鲜茶叶的绿色主调。中国生产绿茶的范围极为广泛，河南、贵州、江西、安徽、浙江、江苏、四川、陕西、湖南、湖北、广西、福建为我国的绿茶主产省份。常饮绿茶能防癌、降血脂和减肥。

历史

四川蒙顶山是我国历史上有文字记载人工种植茶叶最早的地方。从现存世界上关于茶叶最早记载的王褒《僮约》和吴理真在蒙山种植茶树的传说，可以证明四川蒙顶山是茶树种植和茶叶制造的起源地。据《华阳国志》记载，不晚于西周时代，川北的巴人就已开始在园中人工栽培茶树了。

洞庭碧螺春

特征

条索紧结，卷曲如螺，白毫毕露，银绿隐翠，叶芽幼嫩，茶水银澄碧绿。

简介

碧螺春产于江苏省苏州市太湖的洞庭山，起初，民间称它为“洞庭茶”或“吓煞人香”。清康熙皇帝视察时，对此茶大加赞赏，并将其命名为“碧螺春”，从此碧螺春为人们熟知，并成为朝廷贡茶。

价值

茶叶的咖啡碱能兴奋中枢神经系统，帮助人们振奋精神、增进思维、消除疲劳、提高工作效率。

泡茶方法

水以初沸为上，水沸之后，用沸水烫杯，让茶盅有热气，以先发茶香。因为碧螺春的茶叶带毛，要用沸水初泡，泡后毛从叶上分离，浮在水上，把第一泡茶水倒去，第二泡才是可口的碧螺春。

回味无穷

饮其味，头酌色淡、幽香、鲜雅；二酌翠绿、芬芳、味醇；三酌碧清、香郁、回甘，宛如高级工艺品。

洞庭碧螺春茶汤

西湖龙井

特征

外形扁平挺秀，色泽绿翠，泡在杯中，芽叶色绿，好比出水芙蓉，栩栩如生。

简介

西湖龙井茶是中国十大名茶之一，产地分布在杭州西湖西南龙井村四周的秀山峻峰中。龙井茶属于绿茶扁炒青的一种，扁炒青品质特点是形状扁平光滑，因产地和制法不同，分为龙井、旗枪、大方 3 种。龙井茶有 1200 多年历史，明代列为上品，清顺治列为贡品，清乾隆游览杭州西湖时，也盛赞龙井茶。

泡茶方法

冲泡龙井茶时取一玻璃杯，泡茶时先将 85~90℃的沸水冲入洗净的茶杯里，然后投入茶叶，稍许，只见朵朵茶芽袅袅浮起，一旗一枪，交错相映，好比出水芙蓉，俏嫩可人。

回味无穷

齿颊留芳，沁人肺腑。龙井茶的特点是香郁叶醇，非浓烈之感，宜细品慢啜，非下功夫不能领略其香味特点。

西湖龙井茶汤

信阳毛尖

特征

品质上乘，外形细秀匀直，显锋苗，白毫遍布。其颜色鲜润、干净，不含杂质，叶底嫩绿、明亮、细嫩、匀齐。

价值

具有生津解渴，清心明目，提神醒脑，去腻消食等多种功能。

简介

信阳毛尖亦称“豫毛峰”，河南省著名特产。主要产地在信阳市新县、商城县、光山县、罗山县。信阳毛尖具有细、圆、光、直、多白毫、香高、味浓、汤色绿等独特风格。1990年，信阳毛尖品牌参加国家评比，取得绿茶综合品质第一名，故被誉为“绿茶之王”。

泡茶方法

茶与水的用量：建议以每克茶泡50~60毫升适温沸水为好。按“浅茶满酒”的习惯要求，通常一只200毫升的茶杯，冲上150毫升的适温沸水，放3克左右的茶就可以了。冲泡后的汤色嫩绿。

回味无穷

清新、鲜爽、醇香、回甘。

信阳毛尖茶汤

雨花茶

特征

以紧、直、绿、匀为其特色，其形似松针，条索紧直、浑圆，两端略尖，锋苗挺秀，茸毫隐露，绿透银光，叶底嫩匀明亮。

简介

雨花茶是江苏省南京市特产，因产于南京城郊中华门外的雨花台山丘而得名。此茶冲泡后茶色碧绿、清澈，香气清幽，品饮一杯，沁人肺腑，回味甘甜，是上等佳品。

泡茶方法

可用沸水冲泡，芽芽直立，上下沉浮，犹如翡翠，汤色绿而清澈，茶入水即沉。

回味无穷

香气浓郁高雅，滋味鲜醇。

有止渴清神、消食利尿、治喘、祛痰、除烦去腻等功效。

雨花茶茶汤

竹叶青

特征

外形为扁条状，两头尖细，形似竹叶，叶底嫩绿均匀。

简介

竹叶青产于世界自然与文化遗产保护地和国家 5A 级风景旅游区四川省峨眉山，为中国国家围棋队的指定用茶。

泡茶方法

冲泡水温以 80℃左右为宜，通常是将水烧开后再冷却至该温度，这样泡制出的汤色才清明。

回味无穷

香气高鲜，滋味浓醇。

竹叶青茶汤

径山茶

特征

条索纤细苗秀，芽锋显露，色泽翠绿，叶底嫩匀明亮。

简介

径山茶又名径山毛峰茶，因产于浙江杭州的径山而得名。径山茶在唐宋时期已经有名。日本僧人南浦昭明禅师曾经在径山寺研究佛学，后来把此茶带回日本种植，对日本茶道影响深远。

泡茶方法

在泡茶时，可以先放水后放茶，而且茶叶会很快沉入杯底的特点是其他名茶所没有的。汤色嫩绿莹亮，经饮耐泡。

回味无穷

有独特的板栗香且香气持久清幽，滋味甘醇爽口。

径山茶茶汤

安吉白茶

特征

外形挺直略扁，色泽翠绿，汤色淡青。

简介

安吉白茶为浙江名茶的后起之秀，产于浙江北部的安吉县，这里山川隽秀，气候温和湿润，适宜茶树生长。安吉白茶是用绿茶加工工艺制成的，属绿茶类。之所以称其为白茶，是因为其加工原料采自一种嫩叶全为白色的茶树。

泡茶方法

冲泡时采用回旋注水法，可以欣赏到茶叶在杯中上下旋转，加水量控制在约占杯子的 2/3 为宜。泡后静放 2 分钟。

回味无穷

茶味鲜爽，回味甘甜，口齿留香。

安吉白茶茶汤

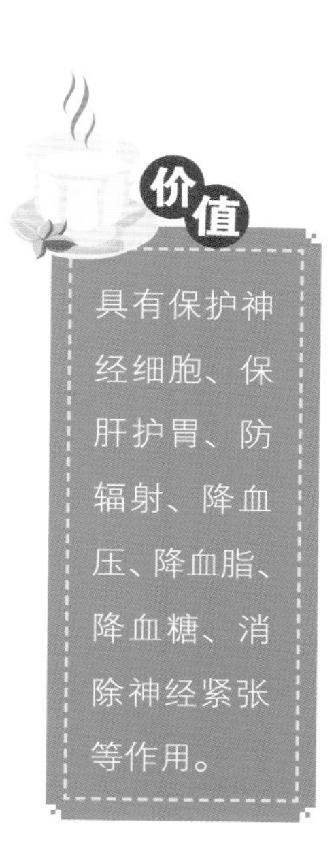

价值

具有保护神经细胞、保肝护胃、防辐射、降血压、降血脂、降血糖、消除神经紧张等作用。

太平猴魁

特征

茶芽挺直，肥壮细嫩，外形魁伟，色泽苍绿，全身毫白，是尖茶中最好的一种。

太平猴魁茶汤

简介

太平猴魁产于安徽省黄山市北麓的黄山区（原太平县）新明、龙门、三口一带。太平猴魁外形两叶抱芽，扁平挺直，自然舒展，白毫隐伏，有“猴魁两头尖，不散不翘不卷边”之称。

泡茶方法

用 90℃开水冲泡，首次加水 1/3 杯，等待 1 分钟，茶叶将逐渐浸润舒展成形；待第二次加水，3～5 分钟即可饮用。汤清质绿，水色明亮。

回味无穷

品其味，则幽香扑鼻，醇厚爽口，回味无穷，可体会出“头泡香高，二泡味浓，三泡、四泡幽香犹存”的意境。

云雾茶

特征

外形紧细，卷曲秀丽，开水冲后以色绿、香浓、味醇、形秀著称。

简介

云雾茶因产于高山云雾之中而得名。其中，南岳云雾茶从唐代以来就作为向皇帝朝贡的贡品，主要生长在海拔 800~1100 米高度的广济寺、铁佛寺、华盖峰等地带。这里气候温和、湿润，土壤含有丰富的有机质，适宜茶叶生长。南岳云雾茶是湖南省名茶，在国内外也享有盛誉。

泡茶方法

沏茶时，最好先倒半杯开水、温度掌握在 80~90℃，不加杯盖，茶叶霎时舒展如剪，翠似新叶。须臾，再加二遍水。每次续水，都不要待喝干再续，而要当杯子中的水剩下 1/4 时就续，这样虽多次冲泡，仍醇香绵绵。

回味无穷

滋味醇厚，清香爽神，沁人心脾。

云雾茶茶汤

帮助消化，杀菌解毒，防止肠胃感染，增加抗坏血病能力等。

崂山绿茶

特征

条索紧结纤细，干茶青翠细嫩，汤色黄绿明亮。冲泡之后叶片舒展嫩绿。

简介

崂山绿茶产于山东省青岛市崂山区。1959年，崂山区“南茶北引”获得成功，形成了品质独特的崂山绿茶。崂山绿茶具有叶片厚、豌豆香、滋味浓、耐冲泡等特征。其按鲜叶采摘季节分为春茶、夏茶、秋茶；按鲜叶原料和加工工艺，分为卷曲形绿茶和扁形绿茶。

泡茶方法

冲泡崂山绿茶时，水温控制在75~85℃，温度不可过高。冲泡好的崂山绿茶要在60分钟之内喝完，否则茶里的营养成分会有所流失。

回味无穷

香韵醇厚宜人，滋味鲜爽独特。

崂山绿茶茶汤

可降脂减肥、抗毒灭菌，还具有防癌的作用。

中国茶

湖南毛尖

特征

条索紧细，锋苗挺秀，色泽翠润，卷曲似螺，白毫显露；汤色黄绿明亮，叶底绿嫩匀整。

简介

湖南的气候适宜茶树生长，是中国重点产茶省之一，产茶量居全国第二位，素有“茶乡”之称。湖南毛尖茶品质独特，一丝不苟，精制而成，成为湖南省最畅销的茶产品之一。

泡茶方法

“洗茶”后从始至终将泡开的茶汤留在茶壶里一部分，不把茶汤倒干。一般“留四出六”或“留半出半”。每次出茶后再以开水添满茶壶，直到最后茶味变淡。闷泡的时间最好长一点。

回味无穷

清香馥郁，滋味醇爽，回味生津。

湖南毛尖茶汤

中国茶

四川雀舌

特征

扁平匀直，白毫较多，茶色泽绿中带黄，汤色绿中透黄，叶底绿中显黄。

简介

川茶历史悠久，是我国茶的原产地之一。四川地区本身的地理条件和气候条件都适宜茶树生长。雀舌茶其实就是白毛尖，采摘标准为一芽一叶初展，长度不超过 2 厘米，嫩度和长度都符合标准的才能用来制作雀舌茶。

四川雀舌茶汤

泡茶方法

通常茶与水之比以 1 ∶ 50~1 ∶ 60 为宜；泡茶的水温不要过高；将茶叶放入杯中后先倒入少量开水，浸透茶叶即可，加盖 3 分钟左右，再加开水到七八成满，便可趁热饮用。

回味无穷

香气清高，味道鲜浓。

中国茶

江苏雀舌

特征

条索匀整，状如雀舌，干茶色泽绿润，扁平挺直，叶底嫩匀成朵。

江苏雀舌茶汤

简介

江苏雀舌茶为新创制的名茶，以其形如雀舌的精巧造型、翠绿的色泽和鲜爽的嫩香屡获好评，在多次名茶评比中获奖。

泡茶方法

泡茶时，江苏雀舌茶与水的比例要恰当，通常茶与水之比以1：50~1：60为宜；泡茶的水温，在80℃左右最为适宜；当喝到杯中尚余1/3左右茶汤时，再加开水，通常以冲泡3次为宜。

回味无穷

滋味清香，鲜爽醇厚，回味甘甜。

价值

雀舌茶中含有丰富的氟化物，能坚固牙釉质，并能够防止口腔中形成过量的酸性物质。

泉岗辉白

特征

形状好似圆珠，盘花卷曲，紧结匀净，色白起霜，白中隐绿，泡茶后汤色黄明，叶底嫩黄，芽锋显露，完整成朵。

简介

又称前岗辉白茶，因产于浙江省嵊州卮山乡前岗村而得名。该茶始创于清代同治年间，并被列为贡品。前岗位于四明山的支脉，这里海拔 500 米左右，云雾笼罩，山上土质肥沃，非常适合茶的生长。

泡茶方法

泡茶的水温不可过低，也不可过高。水温过低，茶叶的味道泡不出；水温过高，很容易伤及茶芽。因此，水温应控制在 90～100℃。

回味无穷

香气浓爽，滋味醇厚。

泉岗辉白茶汤

价值

此茶中保留的天然物质成分，对防衰老、防癌、抗癌、杀菌、消炎等均有特殊效果，为其他茶类所不及。

六安瓜片

特征

外形似瓜子形的单片，不带芽梗，自然平展，叶缘微翘，色泽宝绿，富有白霜，叶底绿嫩明亮。

价值

不仅可消暑解渴，而且还有极强的助消化作用和治病功效，明代闻龙在《茶笺》中称，六安茶入药最有功效，因而被视为珍品。

六安瓜片茶汤

简介

六安瓜片，简称瓜片，产自安徽省六安，为中国历史名茶。此茶早在唐代就很有名了，当时叫 “庐州六安茶”；明始称“六安瓜片”，为极品茶；清为朝廷贡茶。六安瓜片，为绿茶特种茶类，是通过独特的传统加工工艺制成的形似瓜子的片形茶叶，具有悠久的历史底蕴和丰厚的文化内涵。

泡茶方法

六安瓜片一般都采用两次冲泡的方法。先用少许的水温润茶叶，水温一般在80℃左右，如果用100℃沸水来泡茶，就会使茶叶受损，茶汤变黄，味道也就成了苦涩味；“摇香”能使茶叶香气充分发挥，使茶叶中的内含物充分溶解到茶汤里，汤色清澈透亮。

回味无穷

清香高爽，滋味鲜醇回甘。

黄山毛峰

特征

采摘细嫩，制作精细，成茶形如雀舌，是毛峰茶中的上品。

简介

此茶产于安徽省黄山，由于新制茶叶白毫披身，芽尖有锋芒，且鲜叶采自黄山高峰，遂名为黄山毛峰。由清代光绪年间谢裕大茶庄创制。

泡茶方法

以 80℃左右的水泡茶为宜，玻璃杯或白瓷茶杯均可，一般可续水泡茶二三次。如用黄山泉水冲泡黄山茶，品味更佳。茶色如象牙。

回味无穷

香味清高，滋味鲜醇。

黄山毛峰茶汤

蒙顶甘露

特征

条形细紧显毫，色泽碧绿光润；茶叶条条伸展开来，一芽一叶清晰可见，具有高山茶的独特风格。茶以紧卷多毫、色泽翠绿、鲜嫩油润为特色。

简介

蒙山茶主要产于四川蒙山山顶，故被称作“蒙顶茶”。蒙顶甘露是中国最古老的名茶，被尊为茶中故旧、名茶先驱，是卷曲型绿茶的代表。

泡茶方法

泡蒙顶甘露宜采用上投法，也就是先在玻璃杯或白瓷茶杯中注入75~85℃的热开水，然后取茶投入，茶叶条条伸展开，一芽一叶清晰可见，茶汤清亮、深泛绿、浅含黄。

回味无穷

香高而爽，味醇而甘，滋味清雅，扬名中外。

价值

有抗衰老、抗癌症、抗心脑血管疾病、防辐射、清热解渴、利尿、减肥、美白的作用。

蒙顶甘露茶汤

江山绿牡丹

特征

条直似花瓣，形态自然，犹如牡丹，白毫显露，色泽翠绿诱人，叶底成朵，嫩绿明亮。

江山绿牡丹茶汤

简介

产于仙霞岭北麓、浙江省江山市保安乡尤溪两侧山地，以裴家地、龙井等村所产品质最佳。这里山高雾重，漫射光多，雨量充沛，土壤肥沃，有机质含量丰富，适宜茶树生长。此茶是唐代创制的，北宋文豪苏东坡对其大为赞赏，明代列为御茶。

泡茶方法

道具简单，泡法自由，十分适合大众饮用，可直接将沸水冲入烫壶中至溢满为止。汤色碧绿清澈。

回味无穷

香气清高，滋味鲜醇爽口。

价值

江山绿牡丹含有茶碱及咖啡因，可以经由许多作用活化蛋白质激酶及三酸甘油酯解脂酶，减少脂肪细胞堆积，从而达到减肥功效。

乌龙茶

概况

乌龙茶，亦称青茶，属半发酵茶，品种较多，独具特色。乌龙茶是经过杀青、萎凋、摇青、半发酵、烘焙等工序后制出的品质优异的茶类，主要产地为福建的闽北、闽南及广东、台湾，近年来四川、湖南等省也有少量生产。乌龙茶除了内销广东、福建等省外，主要出口日本、东南亚。

历史

乌龙茶起源于北苑茶、武夷茶。北苑茶是福建最早的贡茶，武夷茶则在北苑茶之后，于元朝、明朝、清朝取得贡茶地位，获得发展。现所说的乌龙茶则是安溪人仿照武夷茶的制法，改进工艺制作出来的一种茶。乌龙茶创制于 1725 年（清雍正年间）前后， 另据史料考证，1862 年福州即设有经营乌龙茶的茶栈。

凤凰单丛茶

特征

条索粗壮，匀整挺直，色泽黄褐，油润有光，并有朱砂红点；叶底边缘朱红，叶腹黄亮，素有“绿叶红镶边”之称。

凤凰单丛茶茶汤

简介

产于广东省潮州市凤凰山。凤凰山茶农，富有选种种植经验，现在尚存的3000余株单丛大茶树，树龄均在百年以上，性状奇特，品质优良，单株高大如榕，每株年产干茶10千克左右。

泡茶方法

从锡罐里取出8~10克凤凰单丛茶茶叶，投茶量是盖瓯容量的七八分左右。通常泡春茶，投量可稍多；泡秋茶，投量不宜过多。取茶入瓯过程，切不可把茶叶折断压碎，以利于茶汤醇滑，避免涩口。将烧开的沸水提壶高冲，水要浸满茶叶至瓯面。泡出的茶汤清澈黄亮。

回味无穷

清香持久，有独特的天然兰花香，滋味浓醇鲜爽，润喉回甘。

安溪铁观音

特征

条索壮实沉重，状似蜻蜓头，表面带白霜，色泽沙绿，间有红点；香且极耐泡，有“七泡有余香”之说。

简介

安溪铁观音是乌龙茶类的杰出代表，介于绿茶和红茶之间，属于半发酵茶类，是 1725~1735 年由福建安溪人创制的。

泡茶方法

用开水洗净茶具，把安溪铁观音茶放入茶具，放茶量约占茶具容量的 1/5，把滚开的水提高冲入茶壶或盖瓯，使茶叶转动、露香，用壶盖或瓯盖轻轻刮去漂浮的白泡沫，使其清新洁净；把泡了一二分钟后汤色金黄的茶水依次巡回注入并列的茶杯里。

回味无穷

泡茶后打开杯盖，满室生香，香气馥郁，芬芳扑鼻，入口回甘，令人心旷神怡。

安溪铁观音茶汤

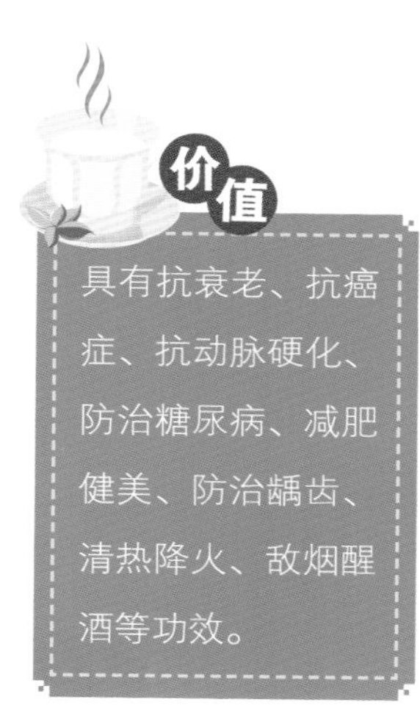

冻顶乌龙茶

特征

外形呈半球形弯曲状，色泽墨绿，有天然的清香气。泡茶时茶叶自然冲顶壶盖，饮后杯底不留残渣。

冻顶乌龙茶茶汤

价值

除了能生津止渴、清爽口气之外，乌龙茶还有预防蛀牙的功效。每天喝 1 升乌龙茶能改善皮肤过敏。

简介

冻顶乌龙茶产自台湾鹿谷附近的冻顶山，被誉为“茶中圣品”。冻顶乌龙茶茶汤清爽怡人，汤色蜜绿带金黄，茶香清新典雅，喉韵回甘浓郁且持久，因为香气独特，据说是帝王级泡澡茶浴的佳品。在中国、日本和东南亚地区享有盛誉。

泡茶方法

茶具宜小，不宜大。茶壶的容量以 200 毫升为宜，茶杯的容量以 150 毫升为宜。茶具的质地，以瓷器、陶器最好，玻璃次之，金属茶具更次之。冻顶乌龙茶要求滋味浓厚，可多放茶叶。冲泡时间视开水温度、茶叶老嫩和用茶量多少而定。一般冲入开水二三分钟后即可饮用。汤色呈柳橙黄。

回味无穷

茶味醇厚甘润，散发桂花清香，喉韵回甘十足，带明显焙火韵味。

武夷大红袍

特征

条索紧结，色泽绿褐鲜润，叶片红绿相间，具有明显的“绿叶红镶边”之美感。

简介

武夷大红袍是中国茗苑中的奇葩，素有“茶中状元”之美誉，乃岩茶之王，堪称国宝。产于福建省武夷山，以精湛的工艺特制而成。大红袍茶树为灌木型，为千年古树，九龙窠陡峭绝壁上仅存 4 株，产量稀少，被视为稀世之珍。

泡茶方法

泡茶水温应控制在 100℃以内，以甘洌的山泉或井水冲泡为佳。大红袍这种好茶只有用小壶小盅的功夫茶品尝方式，方能充分体会到其色香味。冲泡后汤色橙黄明亮。

回味无穷

成品武夷大红袍香气浓郁，滋味醇厚，有明显“岩韵”特征，饮后齿颊留香，经久不退，冲泡多次后仍会有原茶的香味。

武夷大红袍茶汤

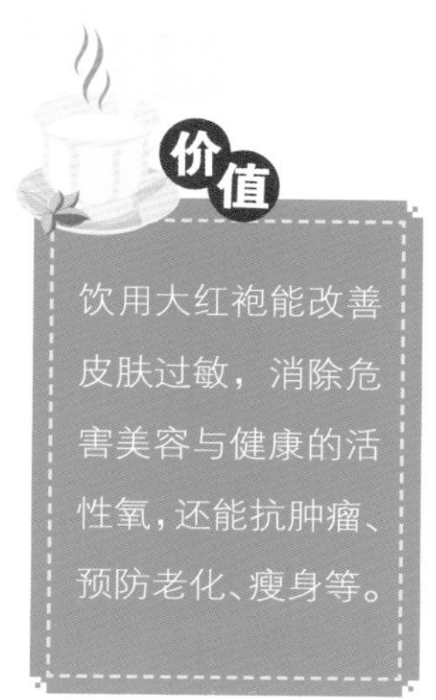

价值

饮用大红袍能改善皮肤过敏，消除危害美容与健康的活性氧，还能抗肿瘤、预防老化、瘦身等。

铁罗汉

特征

条形壮结、匀整，色泽绿褐鲜润，叶底软亮，叶缘朱红，叶心淡绿带黄。

简介

铁罗汉茶产于武夷山岩缝之中，为武夷传统四大珍贵名枞之一。此茶具有绿茶之清香、红茶之甘醇，是中国乌龙茶中的极品。

泡茶方法

取 7~10 克铁罗汉茶投入壶中，用 90℃开水温润后，用 100℃开水闷泡 45~60 秒即可，这样可以品到清新中带醇厚的味道。茶汤呈深橙黄色，清澈艳丽。

回味无穷

滋味浓醇、清甜、细腻、协调、丰富、浓饮而不苦涩，回味悠长，空杯留香，长而持久；汤进喉后，徐徐生津，细加品味，似嚼嚼有物，饮后神清气爽。

铁罗汉多酚具有很强的抗氧化性和生理活性，是人体自由基的清除剂，具有阻断脂质过氧化反应、清除活性酶的作用，有助于延缓衰老。

铁罗汉茶汤

市栅铁观音

特征

条索圆结，卷面呈蜻蜓头形状或半球状，叶厚沉重，叶边镶红色，叶腹绿色，叶蒂呈青色，整体呈深褐色。

木栅铁观音茶汤

价值

具有抗衰老、抗癌症、抗动脉硬化、防治糖尿病、减肥健美、防治龋齿、清热降火、敌烟醒酒等功效。

简介

此茶是乌龙茶中的极品，产于台湾北部。清光绪年间，木栅茶叶公司派茶师张乃妙、张乃干兄弟前往福建安溪引进纯种铁观音茶种，种植于木栅樟湖山区，这才开始有木栅铁观音茶。

泡茶方法

泡木栅铁观音茶，选壶很重要。选壶时要注意，宜宽不宜窄，圆壶优于方形壶，高桶壶优于扁形壶。以烧结温度高，同时吸水性强的泥料壶为佳，朱泥壶与紫砂壶都可以。这类壶保温性好，壶中茶汤不易降温，所以茶叶不宜久浸其中。由于朱泥传导性强，因此更应掌握倒茶汤的时机。要注意的是，第一泡茶汤倒出后，务必将残留壶底的茶汤倒尽，才可免去铁观音茶碱的释出，确保茶汤滋味甘美。

回味无穷

干茶呈甘浓香，冲泡后香气浓厚清长，呈纯和的弱果酸味道，回甘留香者为上品。

红茶

概况

红茶属于全发酵茶类，是以茶树的芽叶为原料，经过萎凋、揉捻（切）、发酵、干燥等典型工艺过程精制而成。因其干茶色泽和冲泡的茶汤以红色为主调，故名红茶。红茶种类较多，产地较广，其中以祁门红茶最为有名。此外，从中国引种发展起来的印度、斯里兰卡等产地的红茶也很有名。

历史

中国武夷山市的桐木关是世界红茶的发源地，产自武夷山市桐木关的正山小种红茶是世界红茶之鼻祖。正山小种红茶迄今已有约 400 年的历史。它大约产生于中国明朝后期，确切的时期至今没有得到考证。

祁门红茶

特征

成品茶条索紧细苗秀，色泽乌润，金毫显露。

简介

祁门红茶是著名的红茶精品，简称祁红，产于安徽省祁门、东至、贵池（今池州市）、石台、黟县，以及江西的浮梁一带，是英国女王和王室的至爱饮品，被盛赞为“群芳最”“红茶皇后”。

泡茶方法

将水烧沸，茶具最宜使用景德镇瓷，取茶 3 克，冲入 150 毫升沸水，冲泡后香气高锐持久，隔 45 秒左右倒入小杯。泡制出的茶汤红艳、明亮。

回味无穷

滋味鲜美醇厚，香气清新持久。

价值

由于红茶所含成分拥有多项药理作用，因此品尝红茶既能使人享受气定神闲的优雅，在保健美容方面亦具经济而可喜的功效。

祁门红茶

滇红茶

特征

颗粒重实、匀齐、纯净，色泽油润，叶底红匀明亮。

简介

滇红茶就是云南红茶，简称滇红，为外销名茶，产于云南省南部与西南部的临沧、保山、凤庆、西双版纳、德宏等地。

泡茶方法

先用沸水温壶，再根据器皿的大小来投茶，一般 3～5 克，泡出的茶，汤色红艳。

回味无穷

香气甜醇，滋味鲜爽。

滇红茶茶汤

价值

味甘性温，含有丰富的蛋白质，具有提神益思、解除疲劳等作用。

金骏眉

特征

条索紧细，色泽金、黄、黑相间，色润，汤色金黄、浓郁、清澈、有金圈。

简介

金骏眉是在武夷山正山小种红茶传统工艺基础上，采用创新工艺研发的高端红茶。金骏眉的原料产自武夷山国家级自然保护区内的原生态茶山，手工采摘后由茶师精心制作，是难得的茶中极品。

泡茶方法

此茶以优质矿泉水或井水冲泡为佳，先放 3 克茶叶，进行温润洗茶后，为保护细嫩的茶芽表面的绒毛及避免茶叶在杯中激烈翻滚，应该沿着玻璃杯的杯壁慢慢地注水，以保证茶汤清澈亮丽。

回味无穷

滋味醇厚，甘甜爽滑。

金骏眉茶汤

价值

具有兴奋、利尿、强心解痉、抑制动脉硬化、抗菌、抑菌、减肥、防龋齿、抑制癌细胞等作用。

正山小种

特征

条索肥实，色泽乌润，汤色红浓。

简介

正山小种，又名拉普山小种，原产于福建武夷山桐木关，被称为红茶的鼻祖。正山小种茶叶用松针或松柴熏制而成，有着非常浓烈的香味。后来功夫红茶就是在正山小种的基础上发展来的。

泡茶方法

此茶适宜以 100℃的水温冲泡。高冲可以让茶叶在水的激荡下，充分浸润，以利于色、香、味的充分发挥。

回味无穷

滋味醇厚，回味绵长。

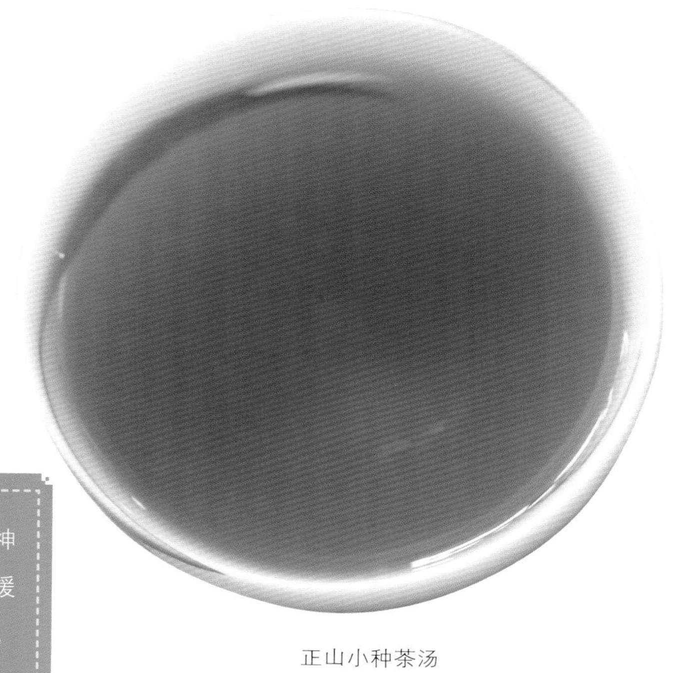

正山小种茶汤

价值

可利尿、消炎杀菌、解毒、提神消疲、生津清热、抗氧化、延缓养胃、护胃抗癌、舒张血管等。

湖红功夫茶

特征

条索紧结肥实，叶底红暗。

湖红功夫茶茶汤

简介

湖红功夫茶主产于湖南省安化、桃源、涟源、邵阳、平江、浏阳、长沙等地，是中国历史悠久的功夫红茶之一，对中国功夫茶的发展有着重要影响。

泡茶方法

一温壶：用开水烫壶。二注茶：把水倒干，把适量（壶容量的 1/5～1/4）的茶叶放入壶内并用开水冲泡。三刮沫：刮去浮在壶口上的泡沫，盖上壶盖等 15~30 秒。四注汤：把泡好的茶汤经过滤网注入茶海（一种较大的茶杯）。五点茶：把茶汤倒入闻香杯，用茶杯倒扣在闻香杯上连同闻香杯翻转过来。泡出的茶，汤色浓。

回味无穷

香气高，滋味醇厚。

宜兴红茶

特征

条索紧结秀丽，叶底鲜嫩红匀。

简介

宜兴红茶，又名阳羡红茶。产于江苏宜兴丘陵地带，属天目山余脉，土壤以黄棕壤、红壤为主，适宜茶树种植。宜兴的气候属北亚热带南部季风气候，四季分明，温和湿润，雨量充沛，适合茶树的生长。

泡茶方法

将宜兴红茶放入青瓷盖碗中，用滚水冲泡，可立刻带出茶香，泡出的茶汤红艳透明。

回味无穷

芳香浓郁，回味醇厚。

宜兴红茶茶汤

政和功夫茶

特征

条索紧结，肥壮多毫，色泽乌润，毫芽显露金黄色。

简介

政和功夫茶为福建三大功夫茶之一。原产于福建北部，以政和县为主产区。成品茶系以政和大白茶品种为主体，适当拼配由小叶种茶树群体中选制的具有浓郁花香特色的功夫红茶。

泡茶方法

注入正滚沸的开水，以渐歇的方式温壶及温杯，避免水温变化太大。人均用 1 茶匙（约 2.5 克）的茶叶量，较能充分发挥红茶香醇的原味，也能享受到续杯乐趣。泡出的汤色红浓。

回味无穷

香气高而鲜甜，滋味浓厚。

政和功夫茶茶汤

价值

可以帮助胃肠消化、促进食欲，可利尿、消除水肿，并强壮心肌功能。

白琳功夫茶

特征

条索细长弯曲，茸毫多呈颗粒绒球状，色泽黄黑，叶底鲜红带黄。

白琳功夫茶茶汤

简介

白琳功夫茶产于福建福鼎太姥山。兴起于19世纪50年代前后，当时闽、粤茶商在福鼎经营功夫红茶，以白琳为集散地，设号收购，远销重洋，白琳功夫茶也因此闻名于世。

价值

富含多酚类、咖啡碱、儿茶素、茶黄素、维生素及多种对人类身体有益的微量元素。可帮助胃肠消化、促进食欲、利尿、消除水肿，并可强壮心肌功能。

泡茶方法

每杯放入3~5克白琳功夫茶，冲入沸水，盖上盖子3~5分钟。这样泡出的茶，汤色浅亮。

回味无穷

香气鲜醇有毫香，味道清鲜甜和。

坦洋功夫红茶

特征

细长匀整，带白毫，色泽乌黑有光，叶底红匀光滑。

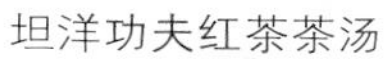

坦洋功夫红茶茶汤

坦洋功夫红茶中的咖啡碱借由刺激大脑皮质来兴奋神经中枢，能够提神、促进思考力集中，进而使思维反应更加敏锐，记忆力增强。

简介

坦洋功夫红茶的产区分布很广，以福建福安坦洋村为中心遍及福安、柘荣、寿宁、周宁、霞浦及屏南北部等地。相传于清咸丰、同治年间，由福安市坦洋村人试制成功，迄今已有 100 多年历史。

泡茶方法

每杯放入 3～5 克坦洋功夫红茶，或一二包袋泡茶，之后冲入沸水。杯泡通常冲水至七分满为止。如果用壶煮，应先将水煮沸，而后放茶配料。泡出的茶，汤色鲜艳，呈金黄色。

回味无穷

内质香味清醇甜和，滋味醇厚。

花茶

概况

花茶，又名香片，利用茶善于吸收异味的特点，将有香味的鲜花和新茶一起闷，茶将香味吸收后再把干花筛除，制成的花茶香味浓郁，茶汤色深，深得中国北方人喜爱。

花茶主要以绿茶、红茶或者乌龙茶作为茶坯，配以能够吐香的鲜花作为原料，采用窨制工艺制作而成。根据其所用的香花品种不同，分为茉莉花茶、玉兰花茶、桂花花茶、珠兰花茶等， 其中以茉莉花茶产量最大。

历史

中国花茶的生产始于南宋，已有 1000 余年的历史。其最早的加工中心是福建福州，从 12 世纪起扩展到江苏苏州、浙江杭州一带。明代顾元庆在《茶谱》一书中较详细地记载了花茶的品种和窨制方法，但大规模窨制花茶则始于清代咸丰年间。到 19 世纪末，花茶生产已较普遍。

茉莉花茶

特征

条索紧细，色泽乌润。

茉莉花茶泡制出的汤色

简介

茉莉花茶，又叫茉莉香片，是将茶叶和茉莉鲜花进行混合、窨制，使茶叶吸收花香而成的，茶香与茉莉花香交互融合。茉莉花茶使用的茶叶称茶坯，多数以绿茶为多，也有少数红茶和乌龙茶。

泡茶方法

冲泡特种茉莉花茶宜用玻璃杯，水温 80~90℃为宜。通常茶水的比例为 1∶50，每泡泡制时间为 3~5 分钟。

回味无穷

香气鲜灵，滋味醇爽。

价值

具有松弛神经的功效，因而想消除紧张情绪的人不妨来一杯茉莉花茶，在获得幸福感的同时，也有助于保持稳定的情绪。

玫瑰花茶

特征

椭圆形或倒卵圆形，上有皱纹，紫色至白色，有浓郁芳香。

玫瑰花茶饮

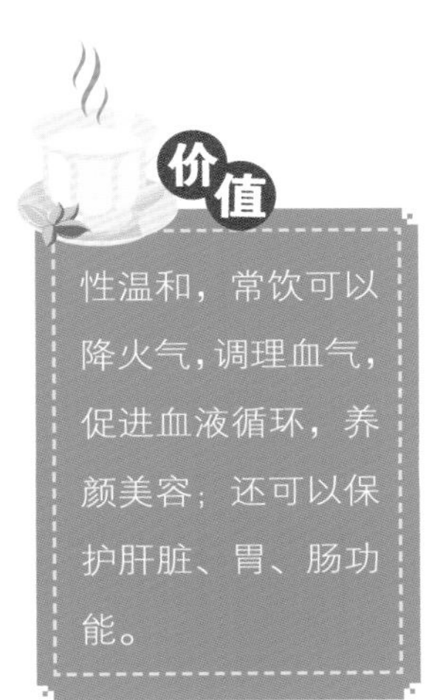

价值

性温和，常饮可以降火气，调理血气，促进血液循环，养颜美容；还可以保护肝脏、胃、肠功能。

简介

玫瑰花茶是用鲜玫瑰花和茶叶的芽尖按比例混合，利用现代高科技工艺窨制而成的高档茶，其香气浓淡适度，和而不猛。

泡茶方法

冲泡玫瑰花茶可用陶瓷或玻璃茶具，水要质地好，以矿泉水、纯净水或山泉水为佳。玫瑰花茶不宜用温度太高的水来洗，一般用放置了一会儿的开水冲洗比较好；又因为里面的茶叶是绿茶，绿茶出茶快，所以冲洗要比较快速。

回味无穷

热饮时花的香味浓郁，沁人心脾。

碧潭飘雪

特征

形如秀柳，色泽青绿，汤色黄亮清澈。

碧潭飘雪茶汤

价值

具有理气开郁、辟秽和中的功效。

简介

碧潭飘雪是茉莉花茶中的极品，产于四川。晴日午后是最佳采花时间，挑雪白晶莹、含苞待放的茉莉花花蕾，赶在开放前摘花，再以手工精心窨制，这样制出的花茶才又鲜又香，泡出的茶才色丽形美。此茶不仅醇香可口，观之更令人赏心悦目。

泡茶方法

水温控制在 80~90℃为佳，选用盖碗泡饮，可看到就像碧潭上飘了一层雪，极为赏心悦目。

回味无穷

清香浓郁，回味悠长。

茉莉绣球

特征

卷曲呈球状，色绿润显白毫，条形分明，叶底肥软鲜嫩。

简介

茉莉绣球是将茶叶和茉莉鲜花进行混合、窨制，使茶叶吸收花香而成的。茉莉绣球是花茶的代表，它既是香味芬芳的饮料，又是高雅的艺术品。茉莉鲜花洁白高贵，香气清幽，近暑吐蕾，入夜放香，花开香尽。茶能饱吸茉莉花香，以增其味。

泡茶方法

泡茶水温在 85 ~ 90℃为宜，当然还要视茶叶松紧程度加以调整。温壶后茶量置三分满，第一泡 40 秒，后续每泡累加 5~10 秒，可依个人喜好酌量增减冲泡时间，以调浓度。

回味无穷

清新淡爽，纯正芬芳， 花香浓郁，口味鲜醇。

茉莉绣球茶汤

菊花茶

特征

圆形，白色，花心淡黄色，均匀无散花，花蒂绿色。

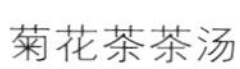

菊花茶茶汤

价值

具有降血压、消除癌细胞、扩张冠状动脉和抑菌的作用，长期饮用能增加人体钙质、调节心肌功能、降低胆固醇。

简介

在白菊花中加些茶叶，就调和成了菊花茶。在菊花茶中，湖北大别山麻城福田河的福白菊、浙江桐乡的杭白菊和黄山脚下的黄山贡菊（徽州贡菊）比较有名，安徽亳州的亳菊、滁州的滁菊、四川中江的川菊、浙江德清的德菊、河南焦作的怀菊则有很高的药用价值。

泡茶方法

泡饮菊花茶时，最好用透明的玻璃杯，每次放上四五粒，再用沸水冲泡 2～3 分钟即可。待水七八成热时，可看到茶水渐渐酿成微黄色。每次喝时，不要一次喝完，要留下 1/3 杯的茶水，再加上新茶水，泡上片刻，而后再喝。

回味无穷

气芳香，味甘苦，无杂质。

女儿环

特征

茶叶鲜绿，外形呈圆卷状，如女孩子的耳环，泡入杯中芽包绿翠，犹如出水芙蓉。

女儿环茶汤

价值

可降血脂、血压及胆固醇。

简介

女儿环是工艺茶中的一种，多归入花茶类。干茶外形呈环状，有单环、双环之分，因形如女孩所戴的耳环而得名。用料较为细嫩，多以手工制作而成。北方市面上的女儿环多为窨制花茶，未经窨制的成品划归绿茶类。此茶品质优异，造型独特，具有较高的艺术欣赏价值。

泡茶方法

此茶适合以盖碗或玻璃壶冲泡，投茶量约为茶具容量的 1/4。以 85℃水洗茶后再以 85℃水浸泡约 20~30 秒即可倒出饮用，约能反复冲泡四五次。

回味无穷

清香、味醇。

黑茶

概况

成品黑茶的外观呈黑色，以此得名。黑茶属全发酵茶，主要产于四川、云南、湖北、湖南、陕西等地。黑茶采用的原料较粗老，是压制紧压茶的主要原料。制茶工艺一般包括杀青、揉捻、渥堆和干燥四道工序。黑茶按地域分布，主要可分为湖南黑茶（茯茶）、四川藏茶（边茶）、云南黑茶（普洱茶）、广西六堡茶、湖北老黑茶及陕西黑茶（茯茶）。

历史

黑茶的起源，一般认为始于16世纪初，此时中国历史上第一次出现“黑茶”一词。16世纪末，湖南黑茶兴起。湖南黑茶生产始于湖南益阳安化县，2009年，安化入选世界纪录协会中国最早的黑茶生产地。

云南普洱茶

特征

干茶陈香显露，无异杂味，色泽棕褐或褐红，具油润光泽，褐中泛红（俗称红熟），条索肥壮，断碎茶少。

云南普洱茶茶汤

可暖胃、降脂、养气、益寿延年等。

简介

云南普洱茶是云南独有大叶种茶树所产的茶，是中国名茶中最讲究冲泡技巧和品饮艺术的茶类，其饮用方法异常丰富，既可清饮，也可混饮。普洱茶非常耐泡，用盖碗或紫砂壶冲泡陈年普洱茶，最多可以泡 20 次以上。普洱茶树与樟脑树、枣树等混生，所产茶叶冲泡之后会有独特的樟香和枣香等香气，品质特优。

泡茶方法

将普洱茶叶置入滤杯中，约 10 克。将才煮开的沸水注入滤杯中，没过茶叶。片刻，拿出滤杯，弃去第一道茶水。再次注入沸水，没过茶叶，盖上杯盖，静置 20 秒左右。打开杯盖倒置，取出滤杯，稍稍滴去茶汁，置于杯盖内即可。泡出的茶汤红浓明亮，具“金圈”，汤上面看起来有油珠形的膜。

回味无穷

热嗅，陈香显著，浓郁纯正，“气感”较强；冷嗅，陈香悠长，味道干爽。

湖南黑茶

特征

条索紧卷、圆直，叶质较嫩，色泽黑润，叶底黄褐。

湖南黑茶茶汤

价值

可改善糖类代谢，降血糖，防治糖尿病。

简介

湖南黑茶原产于安化资江边上的苞芷园，后转至雅雀坪、黄沙坪、硒州、江南、小淹等地，以江南为集中地，品质则以高家溪和马家溪最为著名。其总的特点是历史悠久、产量丰富、质量上乘、品种繁多。

泡茶方法

冲泡黑茶宜选择粗犷、大气的茶具。一般用厚壁紫陶壶或如意杯来泡；公道杯和品茗杯则以透明玻璃杯为佳，便于观赏汤色。泡茶用水一般以泉水、井水、矿泉水、纯净水为佳。一般用100℃沸水冲泡，也可用沸水润茶后，再用冷水煮沸。汤色橙黄。

回味无穷

香味醇厚，带松烟香，无粗涩味。

天尖

特征

条索紧结，较圆直，嫩度好，色泽乌黑油润。

天尖茶汤

简介

天尖是安化黑茶的制作原料黑毛茶中的上品。黑毛茶可按等级分为芽尖、白毛尖、天尖、贡尖、乡尖、生尖、捆尖等，其中以芽尖为极品，但因数量极少，目前市场流通的黑茶产品以天尖为最佳。

泡茶方法

可用如意杯或有盖紫砂壶泡饮。取茶 5~8 克，先用沸水润茶，再加盖浸泡 1~2 分钟后即可饮用（可多次加水冲泡）。

回味无穷

香气醇和，带松烟香，汤色橙黄，滋味醇厚，叶底黄褐尚嫩。

普洱沱茶

特征

芽叶细嫩、肥硕，茸毛披附，似有白纱覆面。

普洱沱茶茶汤

简介

普洱沱茶是云南茶叶中的传统制品，历史悠久，自古便享有盛名。此茶属紧压茶，系选用优质晒青毛茶为原料，经高温蒸压精制而成。

泡茶方法

泡普洱沱茶最好用沸水泡，第一道、第二道茶水弃去，第三道起饮用。第三道的茶叶浸泡时间不必太长，以 10~20 秒为宜，第四道浸泡时间略比第三道长些，可为 30~40 秒，以此类推，越泡茶水越淡，浸泡时间也就应该越长。

回味无穷

滋味浓酽香醇，耐冲泡，愈久愈醇。

普洱散茶

特征

条索紧结、重实，颜色为黑褐、棕褐、褐赤色。

普洱散茶茶汤

简介

普洱散茶以云南一定区域内的大叶种晒青茶为原料，采用特定工艺经后发酵加工制成。干茶色泽褐红，泡出的茶汤红浓明亮，有独特陈香味，醇厚回甘。

泡茶方法

冲泡普洱散茶宜选腹大、容量大的茶器，以避免茶汤过浓。先以沸水入器，涤尘润茶，去除干茶上的浮灰，同时唤醒茶味。再以沸水入器，加以闷泡便可，时间可根据自己的品味把握。建议第一泡闷泡的时间不宜超过 10 秒，之后每泡时间递增 10 秒即可。

回味无穷

滋味浓醇、滑口、润喉、回甘，舌根生津。

普洱生茶

特征

外形匀称、条索紧结、色泽呈青棕或棕褐，油光润泽，用手轻敲茶饼，声音清脆。

普洱生茶茶汤

有清热、消暑、解毒、止渴生津、消食、通便等功效。

简介

普洱茶分为生茶和熟茶。普洱生茶是指新鲜的茶叶经采摘后以自然的方式陈放，不经过人工发酵、渥堆处理，但经过加工整理、修饰形状的普洱茶。

泡茶方法

在茶具中置入烧开的清水，以温壶、温杯和涤具。将普洱生茶置入壶中，快速倒入沸水以醒茶（生茶水温要低些），根据实际情况掌握冲泡时间。

回味无穷

香气纯正、汤色橙黄、滋味浓厚、回甘生津快、经久耐泡。

普洱熟茶

特征

外形匀称、条索紧结、色泽褐红、油光润泽。

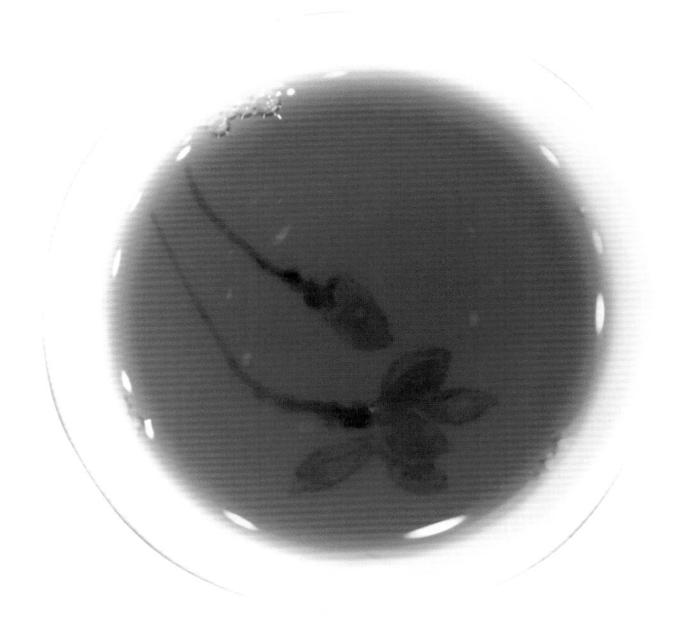

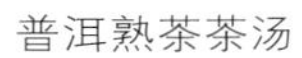

普洱熟茶茶汤

简介

普洱熟茶，是以云南大叶种晒青毛茶为原料，经过渥堆、发酵等工艺加工而成的茶。色泽褐红，滋味纯和，具有独特的陈香。普洱熟茶茶性温和，保健功能较好，很受大众喜爱。

泡茶方法

冲泡普洱熟茶用大杯、茶壶或盖碗都可以，采用沸水冲泡，不要闷太长时间，尽量出汤快一些。前几泡可以稍稍闷一会儿，这样可以将茶叶泡透。三泡左右就开始正常出汤。注意每次冲泡都要把壶里的水倒干净，不要留上一泡的茶水在里面。而且茶在冲泡之前，至少要先洗两次。

回味无穷

滋味醇厚，有陈香，顺滑、回甘。

一品茯茶

特征

呈砖状，茶身较紧，砖面平整，棱角分明，厚薄一致，砖面黑褐或黄褐色。

一品茯茶茶汤

价值

长期饮用能够起到减肥、解油腻、助消化、有效促进新陈代谢、降低甘油三酯和低密度脂蛋白的含量、降低心脑血管疾病的发生等作用。

简介

茯茶已被列入非物质文化遗产保护名录，属高档次茶。一品茯砖是通过提高茶叶品质，采用传统生产工艺精制而成的高档次茯茶。

泡茶方法

选用玻璃煮水器一套，先用沸水温杯烫壶，将预先备好的茯砖茶投入壶中，投茶量与水之比一般为 1 ∶ 20，沸水润茶后再注入冷泉水，煮至沸腾，将茶汤用过滤网沥入公道杯，再分茶入品茗杯，即可品饮。

回味无穷

滋味醇和不涩，汤色橙黄或橙红，香气纯正。

后记

postscript

茶是中国人酷爱的一种饮品，发于神农，闻于鲁周公，兴于唐朝，盛于宋朝，普及于明清。中国的茶文化糅合了中国儒、道、佛诸派思想，独成一体，是中国文化中的一朵奇葩，芬芳而甘醇。

茶树在中国种植和利用的历史十分悠久，但是人类起初为什么要饮茶，又是怎样形成饮茶习惯的呢？对此，众说纷纭，目前主要有以下5种说法。一是祭品说：这一说法认为茶与其他一些植物最早是作为祭品用的，后来有人尝食发现无毒害，便转为食用、药用，最终成为饮品。二是药物说：这一说法认为茶最初是作为药物进入人类社会的。三是食物说：俗话说 “民以食为天”，最初利用茶的方式方法，可能是作为口嚼的食料，也可能作为烤煮的食物。四是综合同步说：认为茶的利用是以上3种说法的综合。五是交际说：此说从理论上把茶引入待人接物的范畴，突显了交际场合的一种雅好。

为了使人们更深入地了解茶与茶文化，我们编著了此书。为了使本书更具专业性和严谨性，我们专门拜访了两家经营名茶的机构：北京的三福茗茶和保定的政香茶业。三福茗茶负责人郭少英热情接待了我们，并耐心介绍了许多名茶的基本情况。保定政香茶业的负责人卓宋辉、卓芪山，则对我们提出的有关名茶的识别及冲泡方法等问题一一耐心解答。在此，我们要向郭先生和两位卓先生表示衷心的感谢。

我们还要感谢所有为本书的出版提供帮助的朋友。同时期待与广大读者朋友交流与切磋。

总 策 划

王丙杰　贾振明

责任编辑

张杰楠

排版制作

腾飞文化

编 委 会（排序不分先后）

林婧琪　邹岚阳　吕陌涵

夏弦月　鲁小娴　玉艺婷

潇诺尔　向文天　阎伯川

责任校对

姜菡筱　宣　慧

版式设计

杨欣怡

图片提供

郭少英　卓宋辉　卓芪山

北京朝阳十里河三福茗茶

河北保定新市区政香茶业